国家自然科学基金项目资助（52101308，52271271）
中央高校基本科研业务费专项资金资助（B220202080）
南京市2022年度留学人员科技创新项目择优资助计划项目资助

基于波浪-水流-水底起伏地形作用的水波共振特性研究

——以逆流行进波的产生与成长机制为例

Study on Resonant Interaction Among Wave, Current and Continuous Rippled Bottoms:
A Case Study of the Generation and Growth Mechanism of Upstream-propagating Waves

范 骏◎著

河海大学出版社

·南京·

图书在版编目(CIP)数据

基于波浪-水流-水底起伏地形作用的水波共振特性研究：以逆流行进波的产生与成长机制为例 / 范骏著. -- 南京：河海大学出版社，2022.10
ISBN 978-7-5630-7723-6

Ⅰ.①基… Ⅱ.①范… Ⅲ.①水波-共振-水动力性质-研究 Ⅳ.①TV139.2

中国版本图书馆CIP数据核字(2022)第181560号

书　　名	基于波浪-水流-水底起伏地形作用的水波共振特性研究：以逆流行进波的产生与成长机制为例
书　　号	ISBN 978-7-5630-7723-6
责任编辑	龚　俊
特约编辑	梁顺弟
特约校对	丁寿萍
封面设计	徐娟娟
出版发行	河海大学出版社
地　　址	南京市西康路1号(邮编:210098)
电　　话	(025)83737852(总编室)　(025)83722833(营销部)
经　　销	江苏省新华发行集团有限公司
排　　版	南京布克文化发展有限公司
印　　刷	苏州市古得堡数码印刷有限公司
开　　本	718毫米×1000毫米　1/16
印　　张	10.25
字　　数	206千字
版　　次	2022年10月第1版
印　　次	2022年10月第1次印刷
定　　价	60.00元

前　言

　　河口近岸地区作为国民经济发展的重要区域以及水路集疏运的关键节点，其区域内的水动力影响要素，无论是自由水面的波浪场特征，还是水面以下的流场特性，以及底部海床的形态与演变规律，都对航运物流、海岸防护、近海海域的开发等方面有着重要影响。前人在河口近岸地区的测量表明，包括长江口、珠江口在内的大型河口及近岸地区，均分布着大范围的水下连续沙波地形。由于河口近岸地区本身所具有的复杂水流（潮流、近岸流、径流）与波浪条件，使得波浪、水流与水下连续沙波地形之间的相互作用始终是河口海岸水动力研究中不可忽视的科学问题。然而上述科学问题涉及波波相互作用、波流相互作用、泥沙运动与边界层理论等诸多研究内容，十分复杂。

　　逆流行进波作为一种特殊的水波激发现象，其水面波形在特定水流与地形条件下的产生涉及水底起伏地形以及流经地形的自由表面水流，对该现象的特性与机制分析有助于对波浪、水流与水底起伏地形之间的作用特征研究提供新的研究视角与突破口。本书考虑具有固定形态的水底正弦起伏地形情况，关注恒定水流经过固定形态正弦地形过程中的自由水面动力与运动特征，将研究的着眼点聚焦于恒定水流经过水底正弦地形引发水面逆流行进波的科学现象。

　　首先设计并开展了系列水槽实验，进而基于势流理论的常规摄动和多重尺度展开奇异摄动解析，综合实验观测结果与理论解析计算，从三波共振相互作用的角度深入探讨恒定水流经过水底正弦地形引发水面逆流行进波现象的波形产生与成长机制，同时拓展了解析理论在考虑水流与水底正弦地形的水波共振作用分析方面的适用范围，并结合高阶谱方法数值模型的计算结果与解析理论在更多共振类型以及近共振情况下的求解结果进行分析与比对。

　　研究工作取得如下的创新成果：

　　(1) 阐明了逆流行进波的波要素随水流与地形参数的变化规律。

　　开展系列精细水槽实验，明确了逆流行进波的精确激发条件，阐明其振幅、频率与波数随流速、水深和地形波陡的变化规律，以及波要素在正弦地形上部的空间分布特征。指出了逆流行进波的振幅随流速变化呈现明显的单峰分布特性，以及波幅在正弦地形上部的非线性增长特征。

I

(2) 揭示了基于特定三波共振组合的逆流行进波产生机制。

针对考虑水流与正弦地形的三波共振相互作用,基于对共振条件及相应波要素特征的理论分析,明确了六种三波共振组合各自的存在条件;通过将共振条件分析结果与水槽实验波要素测量结果的对比,揭示了逆流行进波的产生机制,指出逆流行进波产生于一种特殊的三波共振相互作用组合(其中逆流行进波成分的波相位与波能均向上游逆流传播,另一个参与共振相互作用波成分的波相位向上游逆流传播,波能向下游顺流传播)。

(3) 揭示了基于临界流速条件的逆流行进波成长机制。

基于多重尺度展开的摄动理论解析,推导了共振波在正弦地形上部的振幅空间分布函数表达式,通过对振幅空间分布解的敏感性分析,以及与水槽实验中正弦地形上部波要素空间分布实测结果的对比,揭示了逆流行进波的成长机制,发现当水底正弦地形上部的流速接近引发波能堆积的临界流速条件时,逆流行进波的成长达到最强状态。

摘 要

对于存在大范围水底沙波地形的河口近岸海域,水流(潮流、近岸流或径流)的作用可能会显著改变沙波地形上部自由水面的运动与动力学特性,从而影响河口海岸区域的波浪场特征,开展水流与水下沙波形态地形之间的水动力作用特性分析与机制研究,有着十分重要的科学与应用价值。

上述水动力作用中存在一种特殊的水波现象:当特定条件的自由表面惯性流经过特定的水底正弦起伏地形,自由水面会持续产生逆流行进的水波,从而显著影响水面的波动特征。通过将该科学现象作为探讨水流与水下沙波形态地形之间水动力作用的研究切入点,针对自由表面水流经过水底连续起伏地形的水波动力学问题建立有效的研究方法,从而为精细分析河口近岸区域复杂的水动力环境提供理论基础和科学依据。

本书以探讨恒定水流经过水底正弦起伏地形引发水面逆流行进波的产生与成长机制为目标,通过所开展的系列精细水槽实验与基于势流理论的常规摄动和多重尺度展开奇异摄动理论解析,分析恒定水流经过固定水底正弦地形过程中的自由水面动力与运动特性,从考虑水流和水底正弦地形的三波共振相互作用的角度进行深入探讨。

基于系列精细水槽实验,明确了逆流行进波的波幅、波频与波数等波要素对水流流速、水深与水底地形条件的响应特性,得到了各水深与地形波陡条件下激发逆流行进波的水流流速范围以及其中产生强烈逆流行进波的流速条件,阐明了逆流行进波的波要素在水底正弦起伏地形上部的空间分布特征,指出了逆流行进波在较窄范围流速条件下的激发特征及相应的波幅随流速变化的单峰分布特性,以及波幅在正弦地形上部呈现的指数形式空间增长特征。

通过分析水流与正弦地形作用下三波共振相互作用中各类共振组合条件,计算各共振组合所对应的水流与地形条件范围,以及共振波的波要素随水流与地形条件改变的变化规律,并与水槽实验实测逆流行进波的波要素特征进行对比分析,阐明了逆流行进波的产生机制,指出逆流行进波产生于一种考虑水流与正弦地形的特殊三波共振相互组合,其属于波相与波能均向上游逆流传播的波成分。

I

在明确波形产生机制的基础上，基于多重尺度展开的摄动分析，对考虑水流与正弦地形的三波共振相互作用情况下的共振波波要素特征进行理论解析，获得共振波振幅的时间演化与空间分布解，探讨并明确了逆流行进波产生所对应的三波共振相互作用条件下共振波振幅的空间指数分布特征，分析水流条件对波幅理论解的影响特性，并与水槽实测的正弦地形上部逆流行进波的波幅空间分布特征进行对比，通过对逆流行进波成长机制的探讨，发现波形的显著成长源自逆流行进波波成分在正弦地形上部的流速接近于波能堆积所对应的临界流速条件。

主要符号表

符号	代表意义
$\phi(x,z,t)$	自由水面波动速度势函数
$\eta(x,t)$	自由水面形态函数
$\zeta(x)$	水底起伏地形的空间形态函数
∇	哈密顿算子
g	重力加速度
U	水平流速值变量
U_{CS}	稳形波线性解的临界流速
F	弗劳德数变量
F_{CS}	稳形波的临界弗劳德数
t	时间变量
T	波周期变量
h	水深变量,表示水槽平底处的水深,或正弦地形上部的平均水深
L	波长变量
L_b	水底正弦地形波长
h/L_b	相对水深
R_F	水槽实验中波形存在的弗劳德数范围
A	波幅变量
A_{max}	水槽实验各地形波陡与相对水深的组次中,特定测点测量计算得到的最大逆流行进波振幅
F_{max}	水槽实验各地形波陡与相对水深的组次中,最大逆流行进波振幅 A_{max} 所对应的弗劳德数
b	正弦地形振幅
ϵ_b	正弦地形波陡
k	波数(k 的下标 i,j,m,n,b 等表示不同波成分的波数)

I

续表

符号	代表意义
k_b	正弦地形波数
m	无量纲波数 $m=kh$ （m 的下标 i,j,b 等表示不同波成分的无量纲波数）
m_b	无量纲正弦地形波数
ω	波浪圆频率
τ	无量纲波浪圆频率 $\tau=\omega\sqrt{h/g}$
$\bar{x},\bar{t}$	水平空间与时间的慢变量
A_m,A_n	自由水面共振行进波成分的复振幅
$\mathbb{M},\mathbb{N},\mathbb{D}$	势函数二阶边值问题的水面边界条件中 非齐次项（式 5.68）中的系数
$\mathbb{P},\mathbb{Q}$	波幅函数的耦合方程（或时空演化方程）中的系数
C_{mg},C_{ng}	自由水面共振行进波成分的波能速度
$\widetilde{\mathbb{P}},\widetilde{\mathbb{Q}}$	波幅函数的耦合方程（或时空演化方程）中 系数的无量纲形式
$\widetilde{C_{mg}},\widetilde{C_{ng}}$	自由水面共振行进波成分的波能速度的无量纲形式
U_a	地形上部平均水深条件下的断面平均流速
U_p	水底正弦地形波峰上部的断面平均流速（推算）
U_{pf}	水底正弦地形波峰上部的水面流速（推算）
U_m	波幅空间分布理论解与实测结果匹配的流速条件
U_{cri}	特定频率水波在水流中波能速度为零的临界流速

目 录

第一章 绪论 ·· 001
   1.1 研究背景 ··· 001
   1.2 研究现状 ··· 004
   1.3 研究切入点、研究内容与研究方法 ··· 014

第二章 逆流行进波水槽实验的设计与实现 ··· 017
   2.1 实验水槽与水底正弦地形设置 ·· 017
   2.2 流速与波面测量设备及布置 ·· 020
   2.3 实验组次安排与实验过程 ··· 023
   2.4 实验率定过程 ··· 026
   2.5 实验数据分析方法 ··· 028
   2.6 流场观测设备与测量方法 ··· 031
   2.7 本章小结 ··· 032

第三章 基于水槽实验的逆流行进波特性分析 ····································· 035
   3.1 波形随流速变化的产生过程及特征 ··· 035
   3.2 逆流行进波波要素随实验变量的变化规律 ······························· 049
   3.3 逆流行进波的波要素空间分布情况 ··· 057
   3.4 波形的存在范围及其对比分析 ·· 061
   3.5 本章小结 ··· 062

第四章 基于共振条件分析的逆流行进波产生机制研究 ······················· 064
   4.1 基于三波共振相互作用的共振条件分析 ·································· 064
   4.2 参与三波共振相互作用的波成分特性及其组合 ······················· 066

I

4.3　三波共振条件组合及其存在域的求解分析 ················· 069
　　4.4　基于水槽实测波成分的频散关系验证 ··················· 073
　　4.5　基于水槽实测波要素的三波共振相互作用组合类别分析 ······· 077
　　4.6　本章小结 ···································· 082

第五章　基于摄动解析的逆流行进波成长机制研究 ················ 083
　　5.1　基本假设与边值问题描述 ························· 083
　　5.2　恒定水流经过正弦起伏地形的稳态解回顾 ·············· 085
　　5.3　基于常规摄动展开的共振特征分析 ··················· 087
　　5.4　精确共振条件下基于多重尺度展开的奇异摄动解 ·········· 106
　　5.5　基于多重尺度展开的共振波振幅时空分布方程 ············ 115
　　5.6　共振波成分的稳定性特征分析 ······················ 118
　　5.7　波幅的稳态空间分布特征分析 ······················ 120
　　5.8　波幅稳态空间分布理论解与水槽实验结果的比较 ·········· 122
　　5.9　水槽实验中地形上部的流速特征推算 ················· 126
　　5.10　共振波振幅空间分布解的敏感性分析及成长机制讨论 ······· 129
　　5.11　基于临界流速条件的波形存在范围分析 ················ 135
　　5.12　本章小结 ··································· 138

第六章　结论与展望 ···································· 140
　　6.1　结论 ······································· 140
　　6.2　展望 ······································· 142

参考文献 ··· 144
致谢 ·· 150

第一章
绪论

1.1 研究背景

河口近岸地区作为国民经济发展的重要区域与水路集疏运的关键节点,该区域的波浪与水流动力特性、水底地形的形态与变化特征,都对航运物流等方面有着重要影响,其中由于波浪与水流的共同作用引发推移质运动而产生水底的韵律起伏,使得这些海域常分布着大范围的水下连续沙波地形。在长江口区域,杨世伦等曾在洪季利用双频测深仪在长江口南港上段航道内观察到尺度较大的大范围沙波群[1~3],其沙波群中沙波的平均波长与最大波长分别为 21 m 与 105 m。还有诸多学者利用多波束与声呐测深系统对长江口南港河段等区域的水底沙波形态进行了细致的测量和研究[4~7]。对于珠江河口,孙杰等曾在珠江口近岸的内伶仃岛北面测量到大范围连续的水下沙波带[8]。此外,在南海海域[9]、东海海域[10,11]以及黄海与渤海海域都测量到了大范围的水下沙波区[12]。这说明在我国河口海岸地区,大范围水下沙波地形的分布较为普遍。而在国外的河口与近岸地区,也同样分布着水下沙波地形,如美国的切萨皮克湾[13~15](东海岸中部)、密歇根湖[16,17]、佛罗里达州的埃斯坎比亚湾[18]、马萨诸塞州的科德角湾[19,20]与阿拉斯加极地地区[21,22],加拿大的安大略乔治亚湾[23],北美大陆东南沿海水域的墨西哥湾[24]。

以长江口地区测量的水下大范围沙波地形为例。1997 年洪季在南港(吴淞口以下)上段航道的沙质底床区域测量到沙波中[1],94% 属于波高 0.06~1.5 m、波长 0.6~30 m 的大型沙波,6% 属于波高 1.5~15 m、波长 30~1 000 m 的巨型沙波,由于双向流的动力条件,所测沙波具有较好的对称性。另外,2013 年洪季在长江口北港上段测量到的沙波群[6]如图 1.1 所示。

从图 1.1 中可以明显地观察到完整的沙波群形态,其中的沙波形态平均波长在 12.3~14.2 m 范围内[6]。在 2014 年 7 月对长江口南港上段与中段部分区

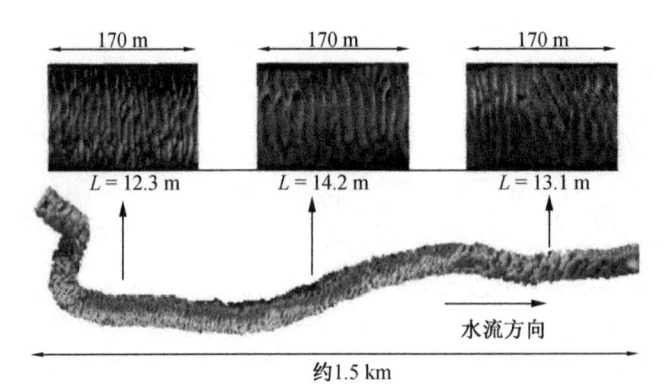

图 1.1　长江口北港上段实测的水下大规模沙波群分布（引自郭兴杰等[6]）

域实测的沙波分布与剖面形态[4]，如图 1.2 所示，虽然沙波剖面形态受到优势流方向的影响导致其对称性一般，但总体上呈现出典型的周期性起伏特征。此外，从 2002 年与 2006 年枯季在长江口南港河段测量的沙波纵剖面形态[7]，也可以观测到明显的沙波群特征，如图 1.3 所示。

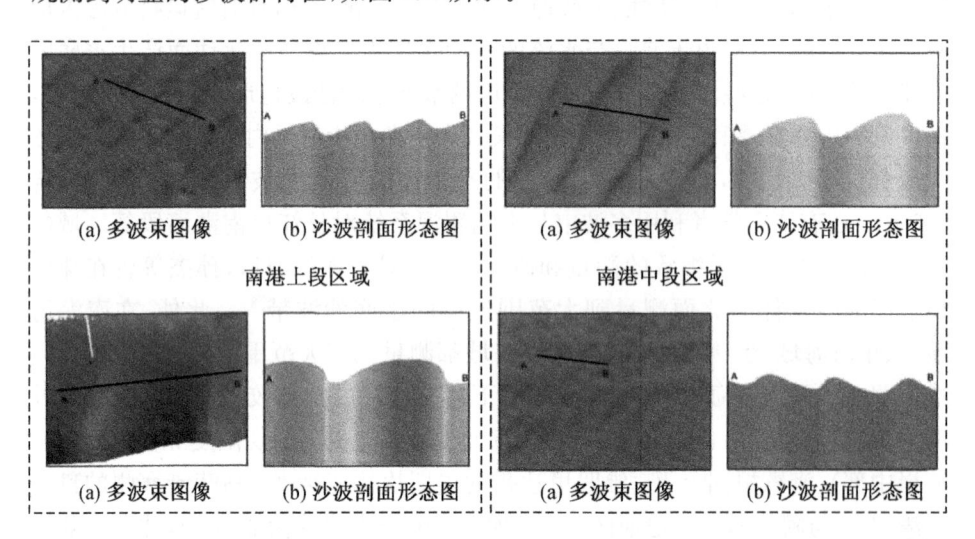

图 1.2　长江口南港上段与中段部分区域实测的沙波分布与剖面形态图（引自郑树伟等[4]）

由于河口海岸地区存在着强烈的水流（潮流、近岸流）与波浪作用，加之所存在的水底大范围沙波地形，使得波浪、水流与水下连续沙波地形的相互作用一直是河口海岸水动力研究中不可忽视的科学问题[25~27]。波、流与水下沙波地形相互作用这一科学问题涉及波波相互作用、波流相互作用、泥沙运动与边界层理论等诸多研究内容，十分复杂。

对于波浪、水流与水下沙波地形之间相互作用的特性与机制研究，如果同时考虑这三个要素，无论是在理论分析的层面，还是从数值计算的角度，都过于复

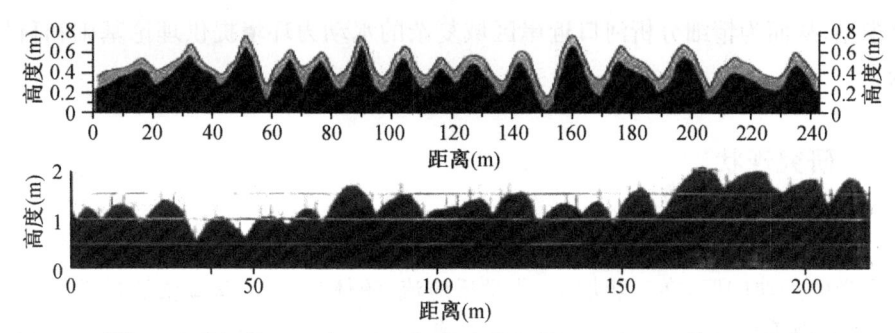

图 1.3　长江口南港河段 2002 年 3 月(上)与南港下段 2006 年 2 月的实测沙波形态(下)
(引自李为华等[7])

杂。考虑到研究的可行性,本研究考虑其中水流与水下沙波地形之间的作用,根据沙波地形的周期起伏特征以及部分水流条件下较好的对称性特征,将地形简化为固定的连续正弦起伏形态,同时着重关注水流经过连续正弦起伏地形时的自由水面特征。因为在具有水底沙波地形的河口近岸海域,水流(潮流、近岸流等)与水下沙波地形的作用十分强烈,并改变流场及自由水面的运动和动力学特性。

具有自由表面的水流与水底连续正弦起伏地形的作用,属于水流经过不平整地形引发的动力与运动学问题的研究范畴,以往的研究包含从化学及热传导相关的微观问题(低雷诺数,黏性流)到河流或海洋中的水流经过水下连续沙坝或海底不平整地形时所引起的宏观动力场问题(高雷诺数,惯性流)。本书研究所关注的是后者,即惯性流经过水底起伏地形的宏观流体动力场问题,在河口及近岸地区存在大范围连续的正弦状沙波地形的流场环境中,水流可以是潮流或近岸流,也可能是来自内陆河流的径流。

由于在具有水底沙波地形的河口近岸海域,水流(潮流、近岸流或径流)与水下沙波地形的作用十分强烈,可能会显著改变部分区域的流场及其上部自由水面的运动学与动力学特性,而这将对河口海岸区域的波浪场特征产生影响,为了精细分析河口海岸水域复杂的动力环境、评估水下沙波地形在水流作用下对波浪场特征的影响,开展针对水流与水下沙波形态地形之间水动力作用的特性分析和机制研究,有着十分重要的科学意义与应用价值。

在水流与水下沙波形态地形之间的作用中,存在一个特殊的水动力现象能够影响自由水面的波动特征:当特定水深与流速条件范围内的自由表面惯性流经过特定的水底连续正弦起伏固定地形,会在自由水面持续地引发明显的逆流行进水波[58]。该科学现象为探讨水下沙波地形在水流作用下对波浪场特征的影响提供了一个重要的研究切入点,本书希望通过对该逆流行进水波的特性与产生机制的分析与探讨,在明确此科学现象背后原因的基础上,针对自由表面水流经过水底连续起伏地形的水波动力学问题建立有效的理论解析方法与数值计算模型，从而为精细分析河口近岸区域复杂的水动力环境提供理论基础和科学依据。

1.2 研究现状

具有自由表面的流体经过底部非平整地形后的流场与表面特性研究作为流体力学的经典问题，在工业加工（化学反应流、流体热传导、运动液膜的蒸发与冷凝、流体物质交换等）、自然现象（河流与海岸地区的底沙输运）等方面都受到持续的关注，因为流体经过这些非平整地形所产生的流场、自由液面或界面的变化特性都会明显的影响化学工业的加工效率、河流海岸的泥沙冲淤及其自由水面的波浪场特征。其中，正弦形态的地形无论在工业加工设备还是水底沙波形态中都具有代表性，故不少研究都围绕流体与正弦边界条件影响下的动力与运动特性展开。此外，虽然在实际河口近岸地区由于复杂的径潮相互作用，水流具有复杂的往复流特征，但在水波动力的时间尺度上，可以将水流条件简化为恒定流进行分析。

虽然本书重点关注水流经过底部正弦地形后的自由水面形态及特征，针对自由水面出现逆流行进波的特性与产生机制开展研究，但是在已有研究成果的回顾中，对本研究具有参考价值的研究还包括水流在正弦侧边壁影响下的自由水面特性。因为水底连续正弦地形与正弦侧边壁都是周期性边界中的典型边界条件，水流在正弦侧边壁影响下水面特性的研究方法与部分结论对水流经过正弦地形的水面特性问题具有借鉴意义。

所以对于已有研究成果的回顾，将从经典的恒定水流经过水底正弦地形产生水面稳态波形的问题入手，到水流经过正弦侧边壁引发的水面稳态与非稳态（行进波）问题的研究过程，最终聚焦于恒定水流经过水底正弦地形产生水面行进波（非稳态问题）的研究。

1.2.1 水流经过水底正弦地形后的水面稳态波形（稳形波）

对于水流经过水底正弦地形并在自由表面产生波形的研究，最早可追溯到十九世纪八十年代，但这些早期的研究都集中于在水面产生的稳态波形（水面始终稳定，其形态无时空变化），Kelvin 曾对水流经过微幅正弦底床的明渠水面起伏形态进行研究[28]，目前受学者们关注较多的研究是 Lamb 在其《Hydrodynamics》一书中的结论[29]，书中 Lamb 主要总结了恒定明渠水流经过无限长正弦底部地形情况下的自由水面形态解析解，其中底部正弦地形的波数为k_b，振幅为b，U为恒定均匀水流的流速，h为水深，通过线性理论推导得到水流的自由表面高程表达式，如式(1.1)所示，

$$\eta = \frac{k_b b \cos k_b x}{k_b \cosh k_b h - \left(\dfrac{g}{U^2}\right)\sinh k_b h} \tag{1.1}$$

通过式(1.1)可以发现,该水流自由表面形态为稳态解(steady state solution),与时间无关。其中当恒定水流流速为某一特定值U_{cs}时,

$$U_{cs} = \sqrt{\frac{g}{k_b}\tanh k_b h} \tag{1.2}$$

水面高程会出现无界的情况,其对应的波面稳态解失效,该情况下的水流流速值被定义为稳形波的临界水流流速值U_{cs},详见式(1.2),所以当恒定水流流速达到临界速度U_{cs}时,水流自由表面高程的线性解将趋近于无穷大。由于当水流达到临界流速时,线性解的分母为零并呈现无界的特性,其又称为稳形波的共振情况。需要说明的是,上述临界水流流速值等同于深度为h的平底静水中具有和水底起伏地形同样波长的水波相速度。如果水流的速度小于稳形波临界流速(subcritical,也可称为亚/次临界),那么式(1.1)中的分母为负值,此时自由水面起伏形态与水底正弦地形呈反相关系(out of phase,水面形态的波峰对应同位置处水底地形的波陡)。而当水流的速度大于稳形波临界流速(supercritical,超临界),自由水面起伏形态和水底正弦地形为同相关系(in phase,水面形态的波峰对应同位置处水底地形的波峰)。当然在垂向尺度上,当水流达到稳形波临界流速时,线性解的分母为零而使水面稳态振幅无穷大的特性并不符合物理实际,所以 Lamb 表明为了能在该共振情况下得出一个易于理解的结果,必须考虑耗散作用[29]。即在实际情况的临界流速条件(共振条件)下,黏性耗散、不稳定性和非线性等都将限制并阻止表面高程达到无限大,所以临界条件下的流体动力特性会非常复杂。需要强调的是,该自由表面的起伏波形并非行进波(propagating waves),而是固定的波面形态(stationary waves),下文统称为稳形波。

由 Kennedy 在针对明渠动床在水流作用下产生的沙丘与逆行沙丘的形态、运动特性及其机理的研究中,印证了水面稳形波在超临界流速条件下的特性[30],Kennedy 为了明确水体-底床界面的稳定性与变化特征,系统性地研究了水流通过沙波地形后,沙波的变化过程及其表面水波的部分特征。通过建立动床与上部水流的解析模型,并开展了动床物理模型实验。在物理模型实验中,超临界流速条件下观测到的水流自由表面与水下沙波地形呈现同相的特性,与前述基于线性理论解的超临界流水面特性一致。

然而,Lamb 所总结的稳形波表达式是恒定流经过正弦地形的线性解,由于非线性与耗散因素的影响,临界流速条件下的线性解特征在解析和实际情况下均不存在,所以后续的学者在线性解的基础上对该问题的非线性特征展开进一

步研究。Mei 针对临界流速条件附近的明渠恒定水流经过无限长正弦地形的波面特征[31],基于改进的 Stokes 波理论(modified Stokes wave theory),利用正则摄动法进行水流与水下固定正弦地形在共振情况(resonant case)下的非线性分析,指出在接近稳形波临界流速时,水面仍会达到稳定状态(steady state),但此时水流自由表面的振幅有限,且自由表面的振幅可达到水底正弦起伏幅值的三倍量级。

虽然 Mei 通过非线性分析明确了临界流速条件下存在有界的稳形波波面解,但更高阶的非线性解析涉及过于复杂的求解方法与计算,使得临界共振流速条件及其邻域内的波面具体特征仍然存在着诸多未知。此外,在实验观测方面,非临界与临界流速条件下的波面形态都仍然缺乏充分的实验证实。所以之后对于明渠恒定水流经过正弦底部地形的稳态问题研究主要集中在非临界条件与临界条件这两个方面。

一方面是对非临界流速条件下(亚临界与超临界)的水流经过正弦地形所产生的水面稳形波特性进行更加精细的研究,考虑更高阶的影响并进行理论推导、水槽实验验证与数值模拟计算。

基于解析理论推导与水槽实验验证,Mizumura 对明渠水流通过正弦边界的稳形波形态进行研究[32~34],其通过势流理论,并由摄动法计算得到的非线性动力与运动边界条件求解正弦地形上部自由水面形态的一阶与二阶波面及势函数解。虽然其研究仅限于非临界水流条件下的水面稳形波特征,但求解结果表明,在亚临界流条件下,稳形波的波峰形态比波谷更平坦且长度更长;而在超临界流条件下,其波峰形态比波谷更尖锐且长度更短。其基于势流理论的推导结果与水槽实验数据吻合良好,体现了稳形波的二阶非线性特征。

基于数值模拟计算,Subhasish 通过质量与动量守恒稳态方程的数值模拟研究了单向水流经过具有连续正弦地形明渠条件下自由表面的水动力特性[35],假设起伏地形的振幅相对于波长为小量,研究发现当相对水深减小,而其他无因次参数保持不变的情况下,水面稳形波呈现出周期性的波群特征。其研究结果反映出当水流经过正弦地形,水深的减小会引发自由水面的稳形波出现新的谐波成分(非线性成分),但 Subhasish 仅根据单一组次的数值模拟结果给出这一定性判断,并未对波群的特征及其中的谐波成分进行深入研究。

对稳形波研究的另一个方面是探究临界流速条件下水流的自由水面特性,以发现更多的水面谐波成分与高阶共振模态。为了对临界条件下的非线性特性进行有效分析,研究采用了更多适用于非线性问题的分析手段,包括泛函分析、速端曲线方程、动力系统与混沌分析方法。

基于泛函分析,Miles 通过剪切流下描述微幅重力波的拉格朗日算子的泛函对临界速度下流体稳定性进行研究[36],针对由水流经过正弦地形引发的受迫水波运动,其指出在临界流速状态下可能出现 Hopf 分岔和周期翻倍现象,并且通过数值积分计算发现,在分岔的部分参数邻域存在稳定的极限环。该研究首次针对临界流速下的水面与流体稳定性进行研究,其结果表明临界流速条件下的水面特征十分复杂。

基于速端曲线方程,Bontozoglou 对无黏自由表面流经过正弦地形的水面形态特性进行数值研究[37],通过适用于较大范围水底起伏高度与水流条件的速端曲线方程计算,发现在特定的流速范围内,自由液面会与水底正弦地形发生共振,并且水面的稳形波会受到共振产生的高次谐波影响而出现更多的波成分。此外,对于流场特性的研究表明自由水面的形态会显著影响水底近壁位置的流速,导致正弦地形附近的流速分布发生明显改变。虽然文中的算例局限于水深与水底波长比值仅为 0.08 的极浅水流动,但在 Lamb 临界流速条件附近对自由液面形态计算所得到的高次谐波成分以及共振曲线所反映出新的共振模态,表明极浅水条件下的非线性效应会激发除了 Lamb 所总结的线性共振外的高阶共振。Bontozoglou 推断认为该结果在机制上与波浪经过周期性起伏地形产生的布拉格共振(Bragg resonance)存在一定程度的关联。

基于动力系统与混沌分析方法,Sammarco 等针对 Mei[31] 计算得到的临界流速条件及其邻域内稳形波的非线性解进行稳定性分析[38],并分析当水流中存在微小震荡分量时产生混沌效应的可能性。其在研究过程中拓展了原有关于水流经过正弦地形产生表面稳形波的工作,侧重于由底部地形共振产生的弱非线性波的初始稳定性与长时间演化。针对恒定及近恒定水流与正弦底部地形发生共振所产生稳形波的非线性特征,将自由液面非线性波的不稳定性通过无黏情况下的演化方程进行表达,发现当水流中的振荡成分强度足够大时,会引发流场的全局随机性,并表现出通往混沌的发展过程。

总的来说,对于恒定明渠水流经过正弦底部地形而产生的稳态自由表面波的特性研究,从 Lamb 的线性解推广以后,研究热点与难点曾一度集中在临界条件下的波面特征,然而由于复杂的非线性与耗散特征,对稳形波临界流速条件下的自由水面特征研究仍在继续。但在实际的河口海岸地区,大部分的潮流与近岸流流速条件都低于实测沙波尺寸所对应的稳形波临界流速值 U_{cs},所以对于河口近岸地区的水流与水底正弦形态地形(大范围沙波地形)的作用,主要还是属于亚临界流速条件下的水动力问题。

1.2.2 水流经过正弦边壁后的水面稳态问题

同样作为周期性边界条件的正弦侧边壁,对于恒定水流经过正弦侧边壁产生水面稳态波形的研究,首先由 Yih 通过解析方法研究恒定水流经过对称正弦侧边壁产生的稳态自由水波[39],并计算得到该问题的稳态解,并发现该稳态波形呈现菱形交错形态,该形态又称为"Diamond pattern",即水流经过正弦侧边壁所产生的稳形波。此后,Yih同样通过解析方式研究了水流通过反对称正弦侧边壁所产生的稳形波[40],结果与对称正弦侧边壁的情况类似,也计算得到了对应的水面稳态解。

在Yih的解析基础上,更高阶次的解析计算研究随之开展。Zhu研究了恒定流经过正弦边壁所产生的稳形波的非线性解析解[41, 42],在不考虑黏性耗散作用的假设下,基于势流理论考虑了无黏不可压缩单层流在主导共振条件(primary resonant condition,即主导共振流速)附近的稳形波振幅与临界弗劳德数的显式解析关系,通过展开至三阶的摄动计算,发现在临界弗劳德数附近稳形波的振幅可达到侧边壁振幅三分之一次幂的量级。

对于恒定水流经过正弦侧边壁的稳形波实验验证,已包括在Mizumura对明渠水流经过正弦边界的自由表面形态所进行的解析与水槽实验研究中[32],虽然通过基于势流理论解析得到的水流经过正弦侧边壁产生稳形波的一阶与二阶形态与水流经过正弦地形所产生的稳形波特征类似(亚临界流条件下水面波峰形态比波谷更平坦更长,而在超临界流条件下水面波峰形态比波谷更尖锐更短),但通过与水槽实验测量结果的对比发现,亚临界流经过侧边壁情况下的理论解与水槽实测结果吻合良好,而超临界流情况下两者偏差较大。

虽然针对水流经过正弦侧边壁产生稳形波的研究并不多,但水流经过正弦侧边壁的水面非稳态问题与此关联密切,对非稳态问题的关注使得诸多学者开始从新的角度来探讨水流经过正弦边界(周期性起伏边界)问题的水流与波面特性。

1.2.3 水流经过正弦边壁的水面非稳态问题

以上回顾的研究主要着眼于恒定水流经过周期性正弦底部地形与正弦侧边界时自由水面的稳形波特性,即周期性起伏边界影响下的水面稳态问题研究。而在实际情况下,水流经过周期性边界(包括正弦边界)条件时,还会出现非稳态的现象,此时水流的自由表面会产生一系列不稳定的波形特征,并且波形呈现出明显的非稳态。

早于Yih对水流经过正弦侧边壁稳态问题的研究,最初关于非稳态方面的研究始于恒定水流经过波状边壁的情况,Binnie通过水槽实验发现[43, 44],当恒定水流经过周期性波状边壁(非正弦,边壁为周期性矩形凸起)时,自由水面会产生非稳态的运动波形,与此同时水面呈现较剧烈的紊动与不稳定的"拍(beating)"的现象。Binnie的实验首次表明恒定水流经过周期性波状边界时会激发产生非稳态的自由表面行进波。

在针对Binnie实验发现的非稳态水波所开展的进一步分析中,McHugh基于 Yih 对恒定流经过正弦侧边壁的稳态解析结果以及 Binnie 在实验中观察到的水面波形的不稳定现象，进一步通过稳定性分析与波波共振相互作用理论研究了水流经过正弦侧边壁明渠所产生的稳形波的不稳定性[45,46]。研究表明当均匀水流经过正弦侧边壁(对称或反对称)时，在一对满足 Phillips 共振条件的扰动波作用下稳形波会发生不稳定。

1.2.4 水流经过正弦地形的水面非稳态问题

相比于周期起伏的侧边壁，在河口近岸地区，周期性边界条件主要以海底大范围连续沙波的形式存在；在河流河道中也存在着周期性变化的底床浮石或沉石所形成的近似正弦形态的起伏地形。本研究更多的将关注聚焦于水流经过正弦地形后在水面形成非稳态行进波的问题。

对于水面的非稳态问题，主要意味着水面存在自由行进的波成分，对该方面研究主要从水波的稳定性以及波波共振相互作用的角度展开。Yih 研究了恒定明渠水流经过无限长水底正弦地形在自由表面所形成稳形波的稳定性[47]，其基于 Richardson 对于恒定水流经过正弦地形的水面稳形波解析方程[48]，依据 Phillips[49] 与 Whitham[50] 提出的波波共振相互作用理论，通过线性稳定性分析计算不同底部正弦地形波数与不同水流条件(弗劳德数)情况下水面稳形波的稳定性特征，该稳定性分析理论假设稳形波在一对同频率且与稳形波满足三波共振相互作用的扰动波作用下发生不稳定，并将能量持续传递给该对扰动波，使得扰动波的振幅随时间(空间)指数增长。Yih 的研究表明，当经过正弦地形的恒定水流的弗劳德数大于 1 时，任意弗劳德数与任意水底正弦地形波数的条件均会引发水面稳形波与一对扰动波的共振相互作用，从而导致稳形波的不稳定；而当弗劳德数小于 1 时，当水底正弦地形波数大于某一临界值 k_c 时，稳形波在任意小于 1 的弗劳德数条件下均会与一对微小扰动波会发生共振相互作用而引发不稳定。当稳形波的不稳定情况发生时，扰动波与稳形波成分满足 Phillips 波波共振相互作用条件。

Yih 的研究首次基于三波共振相互作用的理论假设并从稳定性的角度分析了恒定流经过正弦地形所产生稳形波的不稳定特征[47]。但是，其稳定性分析的结论中稳形波在大部分水流与地形条件下均会发生不稳定(弗劳德数大于 1 且地形波数为任意值，或弗劳德数小于 1 且地形波数大于临界波数 k_c)，而前人关于稳形波的水槽实验却并未反映这一情况。原因在于 Yih 在其文中的稳定性分析仅仅局限于一个特定的三波共振相互作用条件，该条件下的两个水面行进波成分，其中一个波成分的相位与波能均向下游顺流传播(波形被水流拉长)，而另一个波成分的相位与波能均被水流冲往下游方向，该波成分在实际水流中的存在情况与特征还有待明确。除了以上特定的三波共振相互作用条件，McHugh

通过对三波共振相互作用条件下频散关系的初步分析[46]，表明恒定水流经过周期性边界时共存在两类三波共振相互作用的波要素解。

后续对于稳形波的分析，除了仅考虑以重力作为回复力的水面波动情况，表面张力在自由表面水流经过水底正弦起伏地形过程中的影响也被考虑。McHugh 研究了恒定均匀水流经过正弦地形时水面稳形波在重力与表面张力作用下的稳定性[51]。其在三波共振相互作用的基础上，进一步考虑表面张力对稳形波不稳定性的影响。由于表面张力的作用，原有的两类共振相互作用中的扰动波成分出现更多的波数解及相应的共振组合，并参与到稳形波不稳定性的引发过程中，同时改变稳形波发生不稳定的参数范围。当表面张力从非零值逐渐提高时，不稳定程度显著增大，而表面张力从零增大时，不稳定程度则会降低。

对于此类问题，还有学者尝试从其他角度进行分析，Zhang 和 Zhu 考虑了接近共振的自由表面水流通过有限与半无限正弦地形的情况[52]，结果表明，对于小振幅的有限长度正弦地形，线性解析模型在共振区域存在稳定状态，并包含逆流影响"Upstream influence"[53]。而当正弦地形沿顺流方向半无限延伸时，线性模型在近场区域不再有效，其运动由一系列受迫 KdV 方程控制，并且这些方程也适用于远场的线性解。

与本书关联最为密切的研究来自于 Kyotoh 与 Fukushima，其在早期对河川流体力学中水面波动现象观测与分析[54~56]的基础上，通过小尺寸（长 8 m、宽 0.2 m、高 0.25 m）的水槽物理模型试验[57,58]研究发现，在低于稳形波临界流速（亚临界）的某些水流条件下，恒定流经过水底正弦地形时会在水面持续产生逆流行进的自由表面水波（下文中称之为逆流行进波）。水槽实验发现在特定的亚临界流速范围内，当明渠水流通过较大波陡（$H_b/L_b = 0.31$）的水底固定连续正弦地形时，可以观察到水面产生的逆流行进波。实验测量的逆流行进波呈现较为规则的波形，波长为底床波长的 3~6 倍，波周期在波形的产生范围内都保持在固定值附近。其在理论分析中通过假设该现象由本杰明-菲尔不稳定性（Benjamin-Feir instability，下文统称为 B-F 不稳定性）[59]引发，基于线性稳定性分析计算逆流行进波的波长，并通过受迫薛定谔方程进行逆流行进波的初步理论研究。其中线性稳定性研究表明在水流流速在小于临界流速时便存在不稳定模式，其后通过非线性稳定性分析计算波形的不稳定条件及变量范围。

所以，到目前为止，前人对恒定水流经过水底连续正弦起伏地形的自由水面特性的研究，总体上主要分为两个方面：一方面是基于波波共振相互作用的水波稳定性分析，以 Yih 与 McHugh 的研究为代表[45~47,51]，在波波共振相互作用条件下通过摄动分析定性计算稳形波的稳定性特征与参数范围；另一方面是基于恒定水流经过水底连续正弦起伏地形产生逆流行进波的现象，以 Kyotoh 与 Fukushima 所开展的水槽实验与分析为代表[57,58]，其通过小尺寸的水槽实验观察到了逆流行进波在亚临界流速条件下的激发现象,并初步观测水流与地形条件对逆流行进波激发情况的定性影响,同时尝试在 B-F 不稳定性的假设基础上解释波形的波要素与稳定性特征。

但是,前人在上述两个方面的研究,无论是从水槽实验角度,还是从理论分析角度,都无法明确地解释逆流行进波的产生机制,更无法定量地分析恒定水流经过水底周期正弦起伏地形的自由水面波动特征。具体原因如下:

(1) 前人的初步水槽实验无法明确逆流行进波的定量激发强度

Kyotoh 与 Fukushima 的实验虽然给出了逆流行进波的大致产生范围[58],但是作为小尺度的水槽实验,实验中所产生的逆流行进波波幅明显受到水槽尺寸(长 8 m,宽 20 cm,高 25 cm)的限制,激发出的逆流行进波波高仅为 1~2 mm,对波形的产生范围也仅通过肉眼观察定性判断,更无法反映实验中不同水深与流速条件下逆流行进波的振幅变化情况。

所以,仅了解波形的产生范围及波要素的定性特征对于明确波形的产生机制远远不够,根据波形的显著激发现象与特定的产生范围,逆流行进波的产生具有较明显的共振作用特征。如果恒定水流经过水底正弦起伏地形所激发的逆流行进波源自某种特殊的共振作用,那么该波形不仅会发生在精确符合共振条件的水流与地形情况下,同时也在精确共振条件的邻域发生,只是波形激发的剧烈程度会随着与精确共振条件的接近程度而有所不同,越接近共振条件,波形激发越剧烈,反之亦然。故仅依赖波形产生范围等定性的结果无法明确引发逆流行进波所对应的精确共振条件。

(2) Kyotoh 与 Fukushima 的理论分析仍存疑问

在对逆流行进波产生原因的理论分析方面,Kyotoh 与 Fukushima 认为[58]波形的产生机制源自于 Benjamin-Feir 不稳定性(即调制不稳定性),并在此基础上进行理论分析。B-F 不稳定性作为经典的水波不稳定性现象[59~61]反映了有限振幅的均匀波列(载波波列)在微小边带扰动波(与载波频率接近的扰动)的作用下,在其传播过程会由于波波相互作用的发生而出现载波波列的不稳定,其中边带微小扰动波成分的振幅会在 B-F 不稳定性发生时呈现显著增长,而且其振幅的时间增长率与主波列振幅值的平方成正比;另外,Stokes 波的调制不稳定性在演化过程中具有在更大时间尺度上的周期性变化特征,即 Fermi-Pasta-Ulam(FPU)重现现象。

然而,在 Kyotoh 与 Fukushima 对逆流行进波的理论分析[58]中,虽然研究了扰动波成分的初始稳定性状态,但并未给出参与波波相互作用的波成分在波要素关系上的特征,从而无法确定引发逆流行进波的波波相互作用类型与特征。而且,B-F 不稳定性源自近共振(Near resonance)的四波相互作用,对应的非线性阶数为三阶,其深水条件下为波波相互作用的主导量阶,但在逆流行进波产生所对应的有限水深情况下,非线性阶数为二阶的三波相互作用更可能占据主导量阶。此外,逆流行进波的水槽实验现象表明一旦该波形产生于水流的自由表面,该过程将持续并且一直稳定的发生,并未表现出更大时间尺度上的演化特征,所以对于逆流行进波产生机制的理论分析,Kyotoh 与 Fukushima 基于 B-F 不稳定性假设所进行的理论分析结果存在诸多无法阐明的问题。

(3) Yih 与 McHugh 的理论分析所存在的局限

虽然 Yih 对恒定流经过正弦地形所产生稳形波的稳定性分析表明水面稳形波与扰动波之间确实可能发生三波共振相互作用[47],并引发波成分之间的能量传递,但是其稳定性分析中的理论推导假设局限于特定的三波共振相互作用组合(该组合中的一个扰动波成分的波相位与波能均向下游顺流传播,另一个扰动波成分的波相位与波能均被水流冲往下游方向),以致其结论(当弗劳德数大于 1 时,任意弗劳德数与任意水底正弦地形波数的条件均会引发水面稳形波与一对特定扰动波之间的三波共振相互作用,并导致稳形波的不稳定;而当弗劳德数小于 1 时,仅在水底正弦地形波数大于某一临界值 k_c 时,稳形波才会与一对特定扰动波之间发生三波共振相互作用而出现不稳定)也仅仅适用于这个特定的共振组合条件。此结论不仅与 Kyotoh 和 Fukushima 在逆流行进波水槽实验中观测到较小的波形产生范围存在矛盾,同时也与前人关于稳形波所开展的水槽实验中观测到稳定的稳形波特征存在差异。而 McHugh 对稳形波不稳定性的分析虽然拓展了三波共振相互作用中的波成分共振组合条件,但其分析仍然局限于定性的稳定性判断,无法定量计算出共振波振幅在时间与空间上的非线性增长特征。

综上所述,对于逆流行进波现象的产生机制,以及对恒定水流经过水底连续正弦起伏地形所出现的波波共振相互作用特性的定量分析,至今还没有明确的科学结论,所以对以上未明确的问题有待进行更加深入与透彻的研究。

1.2.5 波波共振相互作用理论回顾

对于水流经过正弦边壁与正弦地形的水面非稳态问题[45,46,47,51]研究中引入的波波共振相互作用,其概念起始于 Phillips 关于深水自由表面重力波之间弱非线性相互作用的研究[62],由于在理论推导中出现了明显的共振强迫项,所以 Phillips 在论述中也强调了该相互作用中"共振"的概念,故波波共振相互作用又被称为 Phillips 共振相互作用。其中,波波共振相互作用的一个明显特点是该作用可以引发能量在不同波成分之间的剧烈传递,并对波场的演化产生显著影响。

其后,Phillips 关于波波共振相互作用的观点由 Longuet-Higgins,Smith 与 McGoldrick 等人的实验研究所证实[63,64],并由 Benney 提出波波共振相互作用对于诸多水波问题解释的适用性[65]。正是这些最早期的观点与论述,极大地推动了其后三十余年对于非线性水波现象的研究与理解。

对于波波共振相互作用的分类,目前主要是从参与共振相互作用的波成分数量来进行划分,包括参与作用波成分最少的三波共振相互作用,以及波成分数量逐渐增加的四波、五波等波波共振相互作用。满足共振相互作用的必要条件是参与相互作用的波成分的波数(矢量)与频率均满足同样形式的关系式,并且需要每一个波成分满足相应的频散关系。

三波相互作用在其理论推导的二阶项中以非线性强迫项的形式出现。Phillips 提出该相互作用的三个波成分不能同时满足深水条件下的重力波频散关系,所以在深水重力波情况下的三波共振无法实现[62]。在三波共振相互作用中存在一个特殊的情况,即其中两个波成分的波数与频率一致时,共振所产生的另一个波成分的频率与波数分别为原先两个波成分的两倍(出现倍频),该情况也称为二次谐波共振(内部共振)。虽然三波共振相互作用及其特殊的二次谐波共振不能在深水重力波条件下产生,但 McGoldrick 的研究表明其可以在深水条件下的重力-表面张力波中发生[66]。此外,对于波浪非频散的浅水条件,三波共振相互作用的条件也可以满足。三波共振相互作用存在于时间在 t_0/ε 的尺度范围内,其中 t_0 为特征波周期,当作用时间超过该尺度,三波共振相互作用的理论假设便被打破,此后的波浪成长与非线性相互作用不能仅依据三波共振相互作用理论进行刻画。

四波相互作用在其理论推导的三阶项中以强迫项的形式出现。其包含的特殊共振情况包括三次谐波共振(内部共振,三倍频)、退化共振情况(四个波成分的频率一致,波数矢量呈现菱形排列)。Phillips 提出在深水重力波中会首先出现非退化的四波共振相互作用[62]。而且相比于三波共振,四波共振相互作用的适用范围更广也更常见,其对海洋中的风浪演化具有重要影响,在风浪区扮演着波能重新分配的角色(能谱重分布)。四波共振相互作用存在于时间在 t_0/ε^2 的尺度范围内,其中 t_0 为特征波周期,在相应的时间尺度范围内,四波共振相互作用的理论假设有效。

虽然对波波共振相互作用的理论分析可以继续刻画五波、六波乃至更高阶的共振相互作用,但在具体物理问题的分析上,通常认为非线性量阶更低的共振相互作用往往会主导波场的演化,并且在实际应用中,非特殊情况下更高阶的波波共振相互作用分析的计算量往往非常巨大,所以常见的研究主要还是集中于三波和四波共振的情况。

1.2.6 摄动分析在具有水底地形的波波相互作用中的理论应用

在波波共振相互作用的理论研究方面,目前主要采用基于摄动分析(特别是多重尺度展开法)与变分法的理论分析方式,且这两种方法都能够推导出用于描述相互作用波列复振幅的一组耦合非线性偏微分方程。针对周期性波状地形与水流作用引发水面自由表面波的问题,本书在理论研究上主要采用摄动法进行分析。

对于采用摄动法进行分析的原因,是该方法在涉及正弦边界的水动力研究中被广泛采用并能够较好地反映波成分之间的共振特性。水底正弦地形作为一类特殊的周期性波状边界条件,在分析时会作为一个独立的波成分(波数确定,但频率为零)参与到流场(计算域)的波波共振相互作用中。以类似的波浪与水底正弦状沙波地形的共振作用(布拉格共振)为例,该相互作用也属于包含水底特殊波成分(即水底正弦地形边界条件)的共振。对于波浪与水底正弦地形共振相互作用问题的理论分析,主要采用摄动法研究布拉格共振的类型、激发条件、水波发生共振后的增长率与共振波成分的时空分布等特性。Davies 利用正则摄动方法对单向波浪与水底正弦地形的相互作用进行计算分析[67~69],得出当正弦地形的波长是入射波波长的一半时,会发生布拉格共振,并通过与 Heathershaw 合作完成的水槽实验得到了印证[70,71]。Mei 利用多重尺度展开法对布拉格共振发生条件附近的反射系数值、共振反射波振幅在正弦地形上部的空间分布以及初始增长率进行研究[72],其专著也总结了共振的空间分布特性[73]。Kirby 运用多重尺度展开法研究恒定水流对布拉格共振特征的影响[74],尤其是对共振主频与共振反射强度的影响。Liu 通过高阶摄动分析总结出的第三类布拉格共振[75,76],发现更多水面自由波成分的参与能够引发更复杂的高阶布拉格共振,产生更多次谐波与超谐波共振情况,其后 Alam 等同样基于摄动理论对该问题进行了深入研究[77]。此外,Yu 和 Mei 基于多重尺度展开法考虑来自海岸的反射波对布拉格共振的影响[78],Alam 等通过多重尺度展开对两层流情况下的布拉格共振特性进行研究[79]。以上关于波浪与水底周期性沙波地形布拉格共振的理论研究表明,应用于波波共振相互作用的摄动法适用于水波(包括水流影响下的情况)与水底正弦地形的共振作用分析。所以,对于水流经过水底正弦地形产生逆流行进波的问题,基于波波共振相互作用理论,通过摄动法对其相互作用特性进行分析是较为合适的理论研究方法。

1.3　研究切入点、研究内容与研究方法

通过上述关于研究背景与研究现状的论述与分析可以看出,水下大范围连续沙波地形的存在使得河口近岸地区水流与地形的作用成为该区域水动力特性研究的关注方向之一。而恒定水流经过水底正弦起伏地形引发自由水面逆流行进水波现象的发现则为研究水流与水底沙波地形作用的科学问题提供了一个重

要的研究角度,所以本书针对逆流行进波现象的科学问题开展基于水槽实验与解析理论相结合的研究,建立分析水流与水底正弦起伏地形作用的理论解析方法,明确逆流行进波的产生与成长机制,该研究工作可为精细模拟河口海岸水域复杂的动力环境提供理论基础与科学依据。

1.3.1 研究切入点

针对水流经过正弦地形的水面非稳态问题研究的回顾(1.2.4 小节)表明,恒定水流与水底连续正弦起伏地形作用下激发逆流行进波的机制解释仍未明确,相应的波波共振相互作用分析仍存在局限。所以,研究着眼于以下待解决问题开展进一步的分析:(1) 对 Kyotoh 与 Fukushima 的初步水槽实验中无法明确的波形激发强度[58],使得逆流行进波的激发强度变化特征与精确共振所对应的最强激发条件仍然未知,所以有必要通过新的系列精细水槽实验定量测量与分析逆流行进波的波幅及其他波要素受水深、流速、地形特征因素的影响规律,获得波形在其产生范围内的激发强度变化特性,得到波形的精确共振条件,从而有助于进一步明确逆流行进波的产生机制,更有效地分析恒定水流与水底正弦起伏地形的作用特征。(2) 对于 Kyotoh 与 Fukushima 通过 B-F 不稳定性假设[58]对逆流行进波产生机制所进行的理论分析结果存在诸多无法阐明的问题,有必要通过更加主导的三波共振相互作用理论假设来分析逆流行进波的产生机制,并结合新开展水槽实验的波要素测量结果进行相应的验证,明确逆流行进波的激发原因。(3) 对于 Yih 与 McHugh 的理论分析[45~47,51]中在波波共振相互作用组合的类型以及稳定性分析方面的局限,需要基于奇异摄动理论建立适用于考虑水流与正弦地形的三波共振相互作用定量解析方法,对共振波振幅在时间与空间的定量变化特征进行求解与分析。

1.3.2 研究内容

(1) 设计并开展系列水槽实验,讨论逆流行进波的波幅、波频与波数这些波要素特征随水流流速、水深与水底地形条件变化的影响特性,分析各水深与地形波陡条件下激发逆流行进波的水流流速范围以及其中产生强烈逆流行进波的流速条件;探讨逆流行进波的波要素在水底连续起伏地形上部的空间分布特征。

(2) 分析考虑水流与正弦地形的三波共振相互作用中的各类共振组合条件,并计算各类共振组合所对应的水流与地形条件范围,以及其中共振波的波要素随水流与地形条件改变的变化规律,并与水槽实验实测逆流行进波的波要素特征进行对比分析,探讨逆流行进波的产生机制。

(3) 对考虑水流与正弦地形的三波共振相互作用情况下的共振波波要素特征进行理论解析,获得共振波振幅的时间演化与空间分布解,探讨三波共振相互作用条件下共振波振幅时空变化的非线性特征,分析水流条件对波幅理论解的影响特性,并结合水槽实验实测的正弦地形上部共振波振幅空间分布特征进行对比,进一步探讨逆流行进波的成长机制。

1.3.3 研究方法

研究针对恒定水流经过水底正弦起伏地形产生逆流行进波现象的科学问题,采用水槽物理实验、理论解析计算与数值模拟相结合的方式进行,具体而言:(1) 开展系列精细水槽实验,设置了四种具有不同地形波陡的水底连续正弦起伏地形,以调节水底地形边界的非线性特征,在水底正弦地形上部密集布置浪高仪,定量精细观测正弦地形上游侧、地形上部及地形下游侧各位置处在不同水流流速、水深与水底地形条件下的水面波动特征。(2) 理论分析方面主要通过三波共振相互作用条件分析、基于多重尺度展开的奇异摄动解析研究,以及常规摄动级数展开分析。

第二章
逆流行进波水槽实验的设计与实现

针对恒定自由表面水流经过水底正弦起伏地形在水面产生逆流行进波的现象,为了获得包括反映波形激发强度的振幅在内的逆流行进波波要素及其空间分布特性,开展了系列水槽物理实验,通过在水槽底部设置不同波陡的木制正弦起伏地形段,并在不同的水深条件下调整水流流速,从而实现逆流行进波的激发现象,同时定量观测所激发波成分在自由水面的波要素及其空间分布特征,并尝试进行波形激发条件下正弦地形上部的流场定性观测。本章主要介绍系列水槽实验在设计与实现过程中的设备布置、实验组次参数的选定与安排、实验条件率定结果、实测数据的分析方法以及流场特征的定性观测方法。

2.1 实验水槽与水底正弦地形设置

2.1.1 实验水槽参数

本研究的系列水槽实验在河海大学港口海岸与近海工程学院河口航道试验厅的风浪流综合实验水槽开展,该水槽有效长度 69 m、宽 1.0 m、高 1.5 m。水槽底部埋设安装有双向水泵及管道系统,结合水槽两端的进出水通道以形成恒定水流,其水流流速通过控制水泵的电控变频器调节,水泵最大工作流量为 0.25 m³/s,如图 2.1 所示。

本实验在水槽上游入流端的下游侧 6.0 m 处设置了由约 5 000 根直径 11 mm 的薄塑料管并列固定而成的类蜂窝结构,对水泵通过管道从上游入流端进入水槽的水流进行梳理,以平稳入流的流态,其还可消除水流表面的波动成分(在实验过程中用于消除向水槽上游运动的逆流行进波成分,显著降低水槽上游端对波形的反射),如图 2.2 所示。

2.1.2 水底正弦地形的设计与布置

本研究水槽实验的连续正弦起伏地形在设计上结合考虑前人初步实验研究

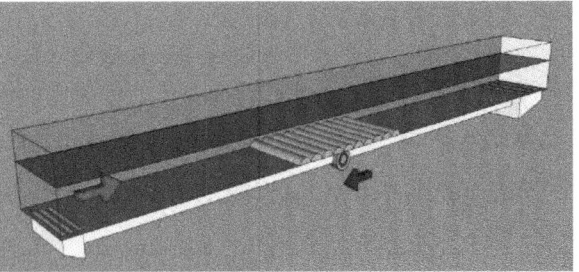

图 2.1　实验水槽照片与恒定流经过水底正弦地形的实验示意简图

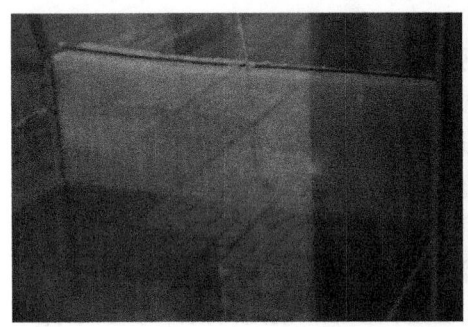

图 2.2　实验水槽上游侧设置的流态稳定装置

的定性结果以及本实验水槽的性能与参数条件。对于正弦地形的波陡,既需要部分实验组次所设置的波陡接近前人实验中可以引发逆流行进水波所对应地形条件的波陡值,又需要在其他实验组次中逐步降低连续正弦地形的波陡值,以减少起伏地形的底部边界非线性影响,从而更接近基于摄动理论解析研究的小波陡假设。Kyotoh 的初步实验研究采用了两种不同波陡的水底连续正弦地形[58],第一种正弦地形的波长为 3.25 cm,振幅为 0.5 cm,波陡达到 0.308,地形起伏较大;第二种正弦地形的波长为 17.0 cm,振幅为 1.4 cm,波陡仅为 0.165,相对第一种地形而言其起伏较小。Kyotoh 的初步实验发现[58],仅第一种正弦地形在水流经过时可以引发逆流行进的表面水波,而第二种地形无论怎样调节水流条件,水面均没有观察到明显的波形产生现象。

在地形的波长设计上,需要考虑恒定水流经过正弦地形所产生稳形波的线性解奇异点所对应的临界流速条件,并计算该条件在不同水深情况下的水流流量值,确保水泵的工作能力可以满足所有实验设计组次所要求的流量值,因为前人的初步实验结果表明逆流行进水波仅出现在水流流速低于稳形波临界流速的情况[58],所以将该临界流速所对应的流量条件作为水泵工作流量的上限来考虑。

通过以上对水底连续正弦地形波陡与波长的参数要求,综合考虑本书实验水槽的尺寸与水泵参数,共设计 4 个正弦起伏地形条件,具体见表 2.1。

表 2.1 水槽实验正弦地形的组次与参数

地形组次	地形波高 H_b (m)	地形波长 L_b (m)	地形波陡 H_b/L_b
1	0.046	0.24	0.192
2	0.053	0.24	0.221
3	0.061	0.24	0.254
4	0.080	0.24	0.333

对于水底正弦起伏地形在水槽底部的安装,当水槽中无正弦地形(平底部分)的平均流速与正弦地形段上部在平均水深条件所对应的平均流速相等时,水流流速的率定过程较为可行,所以在水槽实验中将连续正弦地形段嵌入进水槽底部,使得正弦地形平均高度面与水槽平底面平行(对应于 $z=-h$ 处的位置),如图 2.3 与图 2.4 所示,这样的地形安装方式还可以保证水槽安装地形处的水底边界条件与理论解析中的水底边界条件更为接近;而在 Kyotoh 与 Fukushima 的水槽实验中[58],水底正弦地形被整体置于水槽底面的上部(正弦地形的波谷与水槽底部平齐),其与理论解析的边界条件差别较大。在正弦起伏地形的数量上,各波陡组次的地形均设置 8 个连续正弦起伏,由于地形的嵌入安装使得正弦地形段包含有 8 个波峰形态与 7 个波谷形态。

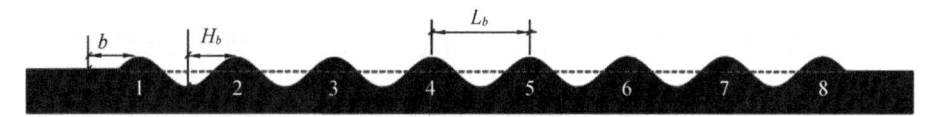

图 2.3 正弦地形段在水槽中安装情况的侧面示意图

图 2.4 连续正弦地形段在水槽中的安装状态

此外,对于正弦地形段在水槽中的位置,本实验将地形设置在距离水槽入流端 33 m 处的下游侧(该距离为出水口与水底正弦地形段中间位置处的距离),水底正弦地形段中间位置距离水槽下游侧出流端的距离为 18 m,所以地形总体安装在水槽中心偏下游侧的位置,该位置可以保证地形与水槽上游出水口有足够的距离稳定来流,同时有足够的空间使得实验所产生的逆流行进自由水波在水底正弦地形段的上游侧传播。

2.2 流速与波面测量设备及布置

2.2.1 流速测量设备

在水流流速的率定阶段,采用声学多普勒点流速仪(Sontek Micro-ADV 16MHz)、声学多普勒剖面仪(Vectrino Profiler)与旋桨式流速仪进行测量;其中声学多普勒点流速仪在测量过程根据测点位置的需要分别采用三维俯视、侧视与仰视探头,流速采样频率为 50 Hz,分辨率为 0.01 cm/s,测量范围为 3～250 cm/s,精度为实测流速的±1%或±2.5 mm/s;声学多普勒剖面仪采用三维俯视探头,最大采样剖面范围为 3.0 cm,剖面采样点最小间隔为 1.0 mm,流速最大采样频率为 100 Hz,精度为测量值的±0.5%或±1.0 mm/s;旋桨式流速仪由南京水利科学研究院河港所的水槽与高速滑轨车进行标准率定。

2.2.2 波面测量设备与布置

自由水面波动时序列的测量设备采用北科院 DJ800 采集系统与配套的电容式浪高仪,所有浪高仪在实验前均在安装有可调节标尺的矩形有机玻璃水箱中完成率定,率定结果表明浪高仪的实际测量偏差均在测量值的±1.5%以内。在实验测量过程中,电容式浪高仪的采样间隔设置为 0.01 s,采样时间为 180 s 或 300 s,以保证足够的采样时间来满足频谱分析中的频率分辨精度,对应的采样点数量为 18 000 或 30 000。

在实验水槽内布设的电容式浪高仪共计 26 根,均布置在水槽横向的中轴线位置处,其中 17 根布置于正弦起伏地形的上方,从地形段第一个地形波峰的上游侧 12 cm 处开始布置,相邻浪高仪测点的间隔均为 12 cm(水底地形的半波长),直至第八个地形波峰的下游侧 12 cm 处结束,水底地形上部浪高仪沿上游至下游方向的编号命名依次从 B1 至 B17,地形上部密集布置的浪高仪主要用于测量地形上部自由水面波动的波要素及其空间分布情况;此外,在距离第一个正弦地形波峰位置的上游侧 3 m、6 m、9 m 处各布置一对浪高仪,每一对浪高仪的间距均为 30 cm,用于捕捉地形上游侧逆流行进波的波要素,这三对浪高仪沿上游至下游方向的编号命名依次从 U1 至 U6;另外在距离正弦地形下游端边界位置的下游侧 3.75 m 与 6.75 m 处分别设置一对间隔 30 cm 的浪高仪与单根浪高仪，以测量水底正弦地形下游侧的自由水面波动情况，这三根浪高仪沿上游至下游方向的编号命名为 D1、D2、D3。所有浪高仪在安装过程中均通过水准仪在水流方向与水槽横向分别进行垂直校准。水槽实验过程中正弦地形上部的测点实际布置如图 2.5(a)(b)所示，浪高仪的整体布置如图 2.6 所示。

(a)

(b)

图 2.5　水槽实验中正弦地形上部浪高仪测杆的安装图

图 2.6 浪高仪测点布置图

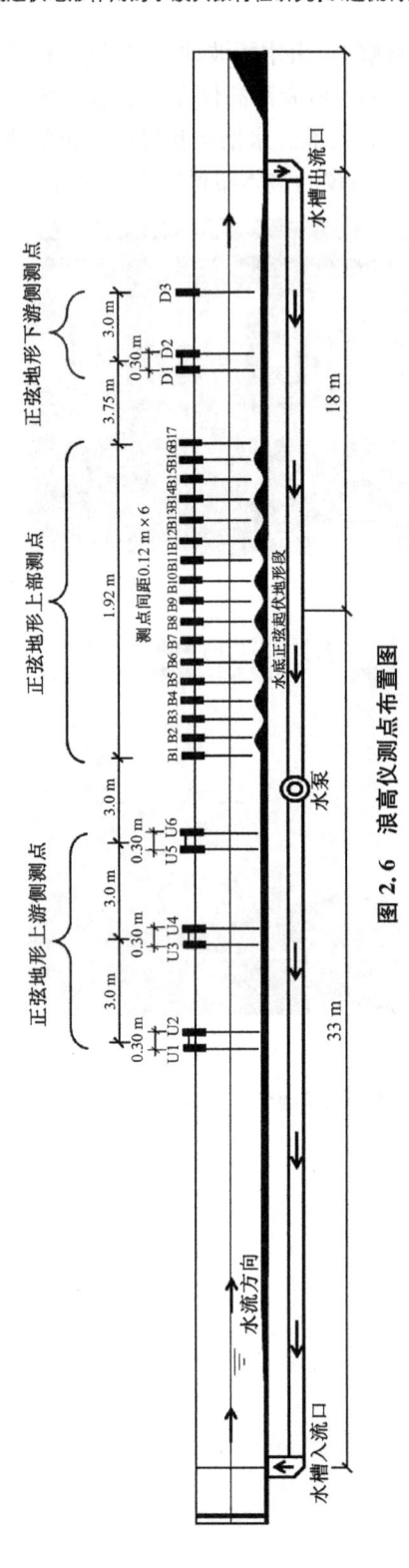

2.3 实验组次安排与实验过程

2.3.1 实验变量及组次安排

由于水槽实验过程是测量不同地形波陡、水深与流速条件下的恒定水流经过水底连续正弦地形时的自由表面波动情况,所以除了水下地形波陡的变化,水流的实验变量为水深与流速,其中水深值 h 定义为起伏地形段上部的平均水深或者水槽平底段上部的水深(两者量值相同),流速 U 定义为正弦地形位置处的平均水深条件下(等同于水底为未安装地形的平底处)的断面平均流速,并通过无因次化将水深 h 与水底正弦地形波长 L_b 的比值定义为相对水深 h',用弗劳德数 F (Froude Number, $F = U/\sqrt{gh}$)表征断面平均流速。

相对水深 h' 与弗劳德数 F 的变量范围设置如下:相对水深 h' 的取值以 0.1 为不同相对水深组次间的变化间隔,不同地形波陡条件下选取相应的相对水深值范围(具体见表 2.2),相对水深范围选取的下限为该水深条件的实验过程中起伏地形段的下游侧会在实验设定的流速范围内出现水跃现象(此时流速条件的调节失效,该相对水深值便不会作为实验组次条件),而相对水深的上限则为该水深条件下水面不再出现逆流行进波。

给定的水底地形波陡与水深条件下,弗劳德数变化范围根据实际水槽实验中的波面现象确定,以 0.01 为变化间隔;在部分产生较明显水面波形的部分流速范围内,弗劳德数的变化间隔加密为 0.005。不同水底波陡与水深组次下的弗劳德数变化范围见表 2.2,各相对水深组次(弗劳德数间隔 0.01)的流速(m/s)与弗劳德数对照情况见表 2.3。

由于在各组次水槽实验的过程中需要控制水深,并不断调节水泵以满足实验组次中所要求的断面平均流速;然而在安装了水底正弦地形后,地形上部的流速空间分布并不均匀,无法在各实验组次中进行起伏地形上部实现断面流速的控制(而且起伏地形上部还安装有 17 根浪高仪,其他流速测量设备的安装会影响地形上部的水面波动情况)。所以在各组次实验中,对正弦地形上部平均水深处的断面平均流速值,通过断面过流流量与正弦地形位置处平均水深的比值来表示,而断面过流流量等同于水泵过流流量,可以在实验过程中通过水泵转速控制系数进行调节。

表 2.2　水槽实验中不同地形波陡与水深条件下的流速实验范围

地形波陡 ϵ_b	相对水深 h'	F 变化范围	F 加密范围
0.192	0.5	0.20~0.35	0.29~0.34
	0.6	0.24~0.35	0.28~0.34
	0.7	0.26~0.33	0.27~0.33
	0.8	0.28~0.33	0.28~0.32
0.221	0.5	0.20~0.32	
	0.6	0.20~0.33	0.26~0.32
	0.7	0.23~0.33	0.26~0.30
	0.8	0.24~0.33	
	0.9	0.24~0.33	
0.254	0.6	0.15~0.33	0.25~0.31
	0.7	0.15~0.33	0.25~0.30
	0.8	0.15~0.33	0.25~0.30
	0.9	0.15~0.33	0.25~0.30
	1.0	0.20~0.33	
0.333	0.6	0.20~0.30	
	0.7	0.18~0.28	
	0.8	0.18~0.28	
	0.9	0.18~0.28	
	1.0	0.18~0.28	

表 2.3　各水深实验组次(流速间隔 0.01)的流速(m/s)与弗劳德数对照表

相对水深 h/L_b	0.5	0.6	0.7	0.8	0.9	1.0
绝对水深 h(cm)	0.120	0.144	0.168	0.192	0.216	0.240
弗劳德数 0.15	0.163	0.178	0.193	0.206	0.218	0.230
0.16	0.174	0.190	0.205	0.220	0.233	0.246
0.17	0.184	0.202	0.218	0.233	0.247	0.261
0.18	0.195	0.214	0.231	0.247	0.262	0.276
0.19	0.206	0.226	0.244	0.261	0.277	0.292
0.20	0.217	0.238	0.257	0.274	0.291	0.307
0.21	0.228	0.250	0.270	0.288	0.306	0.322
0.22	0.239	0.261	0.282	0.302	0.320	0.338
0.23	0.250	0.273	0.295	0.316	0.335	0.353
0.24	0.260	0.285	0.308	0.329	0.349	0.368
0.25	0.271	0.297	0.321	0.343	0.364	0.384
0.26	0.282	0.309	0.334	0.357	0.378	0.399
0.27	0.293	0.321	0.347	0.371	0.393	0.414
0.28	0.304	0.333	0.359	0.384	0.408	0.430
0.29	0.315	0.345	0.372	0.398	0.422	0.445
0.30	0.325	0.357	0.385	0.412	0.437	0.460
0.31	0.336	0.368	0.398	0.425	0.451	0.476
0.32	0.347	0.380	0.411	0.439	0.466	0.491
0.33	0.358	0.392	0.424	0.453	0.480	0.506
0.34	0.369	0.404	0.436	0.467	0.495	0.522
0.35	0.380	0.416	0.449	0.480	0.509	0.537

2.3.2　各组次实验过程

在给定水底地形波陡与水深条件,通过调节水流流速以观测水面波动变化情况的实验过程中,首先在水槽内为静水状态的情况下开启水泵,然后逐渐增加水泵转速,直至水流流态稳定且流速达到实验组次中的最低流速条件(此流速条件下水流表面没有逆流行进波的激发现象),从水泵开启到流态稳定的时间控制在 10 分钟及以上;然后将实验组次中各流速条件根据流速率定所对应的水泵参数,依次根据组次中所要求的流速值,逐次调整水泵转速,改变断面流量及相应的断面平均流速,并观察水槽中自由水面的变化特征,每次调节流速后的水流稳定时间控制在 5 分钟及以上;各水深条件组次的实验中,始终保持距离水底正弦地形上游端边界 35 cm 的上游侧平底位置处的水深值不变,遇到控制点水位出现变化的情况,从水槽中进行缓慢放水或补水的操作,每次在向水槽放补水并达到控制点位置所需要保持的水深值后,控制水流稳定时间在 5 分钟及以上。通过实验率定阶段的流态测量发现,从静水水泵开启到流速不变需要至多 4~5 分钟的时间,所以设置以上的时间间隔可以保证水流流态有充分的时间达到稳定。

2.4 实验率定过程

2.4.1 流态稳定性率定

在进行各实验组次的流速率定以及安装水底正弦地形进行实验组次的测量之前,需要明确正弦地形安装位置处的水流流态是否达到稳定,因为该水槽为固定式的水平水槽,水流依靠上游出流口位置与下游入流口位置的水位差所形成的水力坡降来驱动,水槽中明渠剪切流的边界层厚度会随着时空变化而成长,相应的流速断面垂向分布也会变化,故需要通过测量安装地形位置处的流速分布剖面,来判断该位置处的水流流态能否达到稳定。

在流态率定阶段,水槽底部未安装木制正弦地形(水槽底部均为平底),通过在水槽中保持特定水深(选取 40 cm 的水深),水泵变频器参数保持固定(设置为 20)的水流条件,采用俯视声学多普勒剖面仪与仰视声学多普勒流速探头测量预安放地形位置处、地形位置上游侧 3.0 m、地形位置上游侧 6.0 m 这三个位置处的断面水平流速垂向分布来进行判断,各位置的流速剖面对比如图 2.7 所示。

通过不同位置处的水平流速断面垂向分布的比较可以看出,三个不同断面位置处的水平流速垂向分布特征以及相应的流速值都保持一致,说明从预安装地形位置上游侧 6.0 m 处至预安装地形位置处,流速剖面已经保持稳定,无明显沿程变化,故可以在预安装地形位置处进行各组次的流速率定与后续实验。

2.4.2 实验组次水流条件的率定

对于所有实验组次条件下过流断面流量与水泵转速控制系数之间关系的率定,需要在水槽底部安装正弦起伏地形之前进行。基于率定所得到的断面过流流量与水泵转速控制系数之间的关系,根据各实验组次中所要求的水深与断面平均流速条件,推求断面过流流量,从而得到各实验组次下不同弗劳德数所对应的水泵转速控制系数;在流量率定完成并安装水底正弦起伏地形后,在各组次实验中依据相应的水泵转速控制系数来调节水泵,实现各实验组次中的水深与断

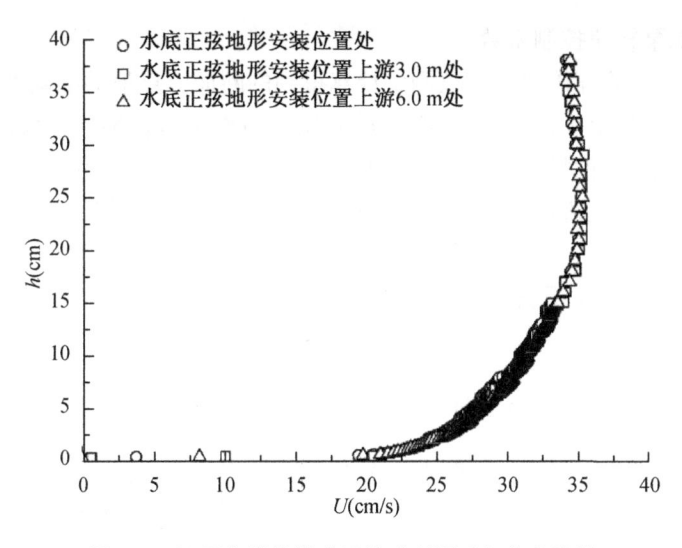

图 2.7　不同位置处的水平流速断面垂向分布比较

面平均流速所对应的断面流量。

所以在流速条件的率定阶段(本书的率定参数采用本研究中最近一次实验阶段的率定结果,率定时间 2016 年 04—05 月),在未安装水底正弦起伏地形的平底水槽中分别对相对水深为 0.5~1.0 的水深条件进行对应的断面过流流量与水泵转速控制系数关系的率定。其中断面过流流量计算所需的水平流速断面垂向分布采用校准过的旋桨流速仪进行测量,沿水深垂向以 1cm 的间隔进行水平流速断面分布的测量。表 2.4 为各实验水深条件通过流量率定获得的断面流量与水泵控制系数的相关性,其中 R^2 为断面流量 V 与水泵控制系数 C 的线性相关关系的确定系数。

表 2.4　各实验水深条件的断面流量与水泵控制参数相关关系的确定系数

相对水深 h'	水深(m)	R^2（V 与 C）
0.5	0.120	0.997 9
0.6	0.144	0.999 1
0.7	0.168	0.999 8
0.8	0.192	0.999 4
0.9	0.216	0.999 8
1.0	0.240	0.998 7

从表 2.4 中可以看出,断面过流流量与水泵控制系数具有很好的线性相关关系,并在此基础上得到过流流量与水泵控制系数的线性函数关系式,从而根据不同水深条件下各流速实验组次所对应的断面流量,计算为实现相应断面流量

应设置的水泵转速控制系数。

此外,为了验证旋桨流速仪测量计算得到的断面流量值的准确性,将旋桨流速仪采样垂向间距 1 cm 测算的断面过流流量与声学多普勒流速仪测算的断面过流流量结果进行对比(40 cm 水深条件,水泵转速控制系数为20),两种方法测算得到的断面过流流量值误差仅为 0.05%,具有很好的一致性。

2.5 实验数据分析方法

2.5.1 波浪振幅与频率分析方法

实验过程中的自由水面波动时序列均通过水槽中设置的电容式浪高仪采集,并基于水面波动时序列数据进行其中所包含波要素的特征分析。对于水面波动的波要素分析,本小节将对波浪振幅与频率的计算方法进行说明。

对水面波动时序列的波幅值计算采用两种方式,分别为水面波动平均波幅以及波面时序列的谱峰周期所对应的波幅。其中,平均波幅的计算采用最基本的上跨零点法进行,通过计算水面波动时序列中自由水面位置从平均水面(零点)以下增加至其上部的各时间点 $t_i, i=1,2,\cdots,N$(即上跨零点),并将相邻的上跨零点 t_i 与 t_{i+1} 作为一个波的起点与终点,然后依次计算各对相邻上跨零点之间水面波动时序列的波峰(最大值)与波谷(最小值)之间垂直距离的一半(波幅),并将计算到的各波幅值进行平均从而得到水面波动时序列的平均振幅。在计算波幅时,不考虑相邻上跨零点之间除了波峰与波谷以外的极大值与极小值(不与零点相交的小波动);虽然上跨零点法可以较为方便地计算平均波幅,但如果波面时序列中存在一些微小的波动且部分微小波动在零点附近跨越了零点,则会导致计算出的平均振幅值更低。在处理水槽实验中电容式浪高仪测量数据时,由于波面时序列中会包含 50 Hz 交流电频率的微小扰动信号,且部分波面时序列中会出现整体水面波动位置的变化,所以在进行上跨零点法计算平均振幅之前,对波面时序列的原始信号进行基于有限冲激响应(FIR, Finite impulse response)的带通滤波(Band-pass filter),其中带通滤波的频率范围选为 0.01~45 Hz,以滤除交流电频率的干扰信号与长周期干扰信号,且不影响时序列的整体波动特征。

虽然经过带通滤波的上跨零点法可以较好地计算水面波动时序列的平均波幅值,但对于波列中占主要能量比重的特定频率波成分,若要明确该频率条件下(对应于频域的谱峰频率)的波成分所具有的精确波幅值,则需要计算谱峰频率所对应的波幅值。其计算过程中,首先对波面时序列通过快速傅里叶变换来进行时域-频域转换,将时域中随时间变化的水面波动转换为频域中波能在各频率上的分布，然后计算频谱中谱峰频率所对应波成分的振幅。另外，波频率的确定也是基于浪高仪测点所测量水面波动时序列的谱峰频率，并对频谱中谱峰频率所对应波能量值与其他频率波成分的能量进行对比。

2.5.2 波长计算方法

逆流行进波的波长根据水槽中布设的具有固定间隔的两根浪高仪，通过两根浪高仪同步测量的水面波动时序列计算得到，与 Kyotoh 计算波形波长的方式一致[58]，以下将对该计算方法进行详细说明。

在此令两根浪高仪的间隔距离为 D（间距 D 的取值需要小于待计算波形的波长），两根浪高仪中的上游侧测点所测量的波面时序列为 $\eta_u(t)$，其下游侧测点所测量的波面时序列为 $\eta_d(t)$，由于两根浪高仪安装于波形行进方向上的不同空间位置处，所以同一水面波动形态（波相位）依次经过这两根浪高仪的时刻不同，导致两个测点所采集到的水面波动时序列存在着时间差（Lag time），这里将时间差用 t_L 表示。对于浪高仪对波面时序列的测量采样，假设采样数为 M，所以两个浪高仪测点所测量的波面时序列分别表示如式（2.1）所示，

$$\eta_u(t) = \eta_u(t_m), m = 1,2,3\cdots,M \quad (2.1a)$$

$$\eta_d(t) = \eta_d(t_m), m = 1,2,3\cdots,M \quad (2.1b)$$

为了得到两个测点所采集的波面时序列时间差 t_L，通过定义两个测点时序列 $\eta_u(t_m)$ 与 $\eta_d(t_m)$ 的相关系数 C_R（Correlation coefficient）来进行计算，该相关系数为变量 t_L 的函数，详见式（2.2），

$$C_R(t_L) = \frac{\sum_{m=1}^{M} \eta_u(t_m + t_L) \, \eta_d(t_m)}{\sqrt{\sum_{m=1}^{M} [\eta_u(t_m)]^2} \sqrt{\sum_{m=1}^{M} [\eta_d(t_m)]^2}} \quad (2.2)$$

将两个测点的波面时序列值代入式（2.2），便可得到该相关系数值 C_R 随时间差 t_L 变化的曲线，其中 C_R 在 t_L 正坐标轴上第一个接近数值 1 的峰值（极大值）所对应的 t_L 值（即 C_R 接近 1 的最小 t_L 值），即为同一波形相位依次通过这两根固定间距浪高仪的时间差（在此用 Δ_L 表示）。

此时逆流行进波的相速度 C_p 可以通过两根浪高仪的间距 D 与波形通过两个浪高仪的时间差 Δ_L 之间的比值计算得到，如式（2.3）所示，

$$C_p = \frac{D}{\Delta_L} = \frac{L}{T} = \frac{\omega}{k} \quad (2.3)$$

其中，波形的相速度 C_p 可以表示为波长 L 与波周期 T 的比值，或波浪圆频率 ω 与波数 k 的比值。波长的计算表达式如式（2.4）所示，

$$L = C_p T = \frac{DT}{\Delta_L} = \frac{2\pi D}{\Delta_L \omega} \tag{2.4}$$

以水底地形波陡 0.192,相对水深 0.7,弗劳德数 0.30 的实验组次为例,选取 U1 与 U2 测点的波面时序列,其中 U1 为该对浪高仪的上游侧测点,U2 位于 U1 的下游侧测点,两根浪高仪的间距 D 为 0.3 m,浪高仪的采样点数 M 为 30 000,采样总时长为 291 s,U1 与 U2 测点所采集的波面时序列中的部分时段绘制如图 2.8 所示。

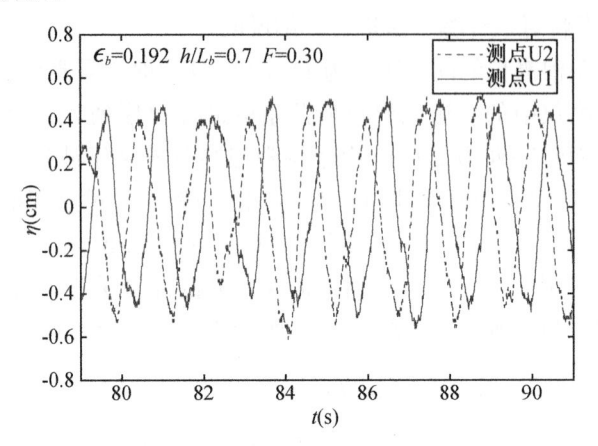

图 2.8 示例实验组次,上游侧测点 U2 与 U1 的部分波面时序列

从图 2.8 可以看出 U1 测点所测得的波面时序列(实线)要比其下游侧的 U2 测点的波面时序列(虚线)在相位上略有偏差,这是由于所产生的逆流行进波波形先经过 U2 测点,再经过 U1 测点所致。

对于 U1 与 U2 采集的完整水面波动时序列,其相关系数值 C_R 随时间差变量 t_L 变化的曲线如图 2.9 所示。

从图 2.9 可以看出,在波面时序列时间差 t_L 为 0.426 8 s 时,相关系数 C_R 的曲线在 t_L 的正半轴首次达到极大值,此时的相关系数为 0.859 4,相对接近 1;所以逆流行进波的波相位在依次经过间距 0.3 m 的 U2 与 U1 测点的时间差为 0.426 8 s,其波相速度为 0.702 9 m/s,由于该组次下测算得到的谱峰周期为 1.359 8 s,从而推求出该组次条件下经过 U2 与 U1 测点的逆流行进波的波长值为 0.955 8 m。

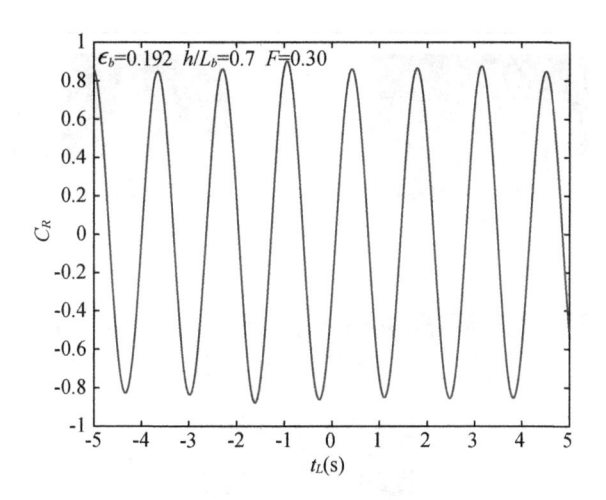

图 2.9　示例实验组次，上游侧测点 U2 与 U1 的相关系数随波面序列时间差的变化曲线

2.6　流场观测设备与测量方法

2.6.1　正弦地形上方的激光流场示踪

为了进一步了解逆流行进波激发过程中水底正弦起伏地形上部的流场特征，实验选取水底地形波陡 0.333（地形波高为 8.0 cm）、相对水深 0.8（实际平均水深 19.2 cm）、弗劳德数 $F=0.24$ 产生强烈逆流行进波的地形与水流条件组次，尝试自制激光流场示踪与观测设备进行逆流行进波产生过程中的流场可视化。

实验在水底正弦地形位置上部安装激光片光源发生器，激光器输出功率为 30 mW，采用半导体电激励式连续激光器，输出波长为 532 nm 的绿色激光，并通过玻璃柱面镜向水下流场方向输出片状激光光源；与此同时，将木制水底正弦起伏地形的表面用喷漆涂黑，以降低激光片光源在水底地形位置处的光线散射，如图 2.10 所示。

实验在正弦地形的第一个波峰上游侧约 50 cm 处设置水下弯管，通过大容量针筒释放二氧化钛或三氧化二铝悬浊液进行示踪，采用 Canon EOS 5D Mark III 高清相机拍摄水底正弦地形从上游往下游侧方向的第一个与第二个地形波峰之间、第二个与第三个地形波峰之间的悬浊液在释放之后的运动特征。

2.6.2　地形上方的高锰酸钾溶液流场示踪

对于不同流速条件下水底正弦地形壁面附近的流场动力学特征，实验尝试

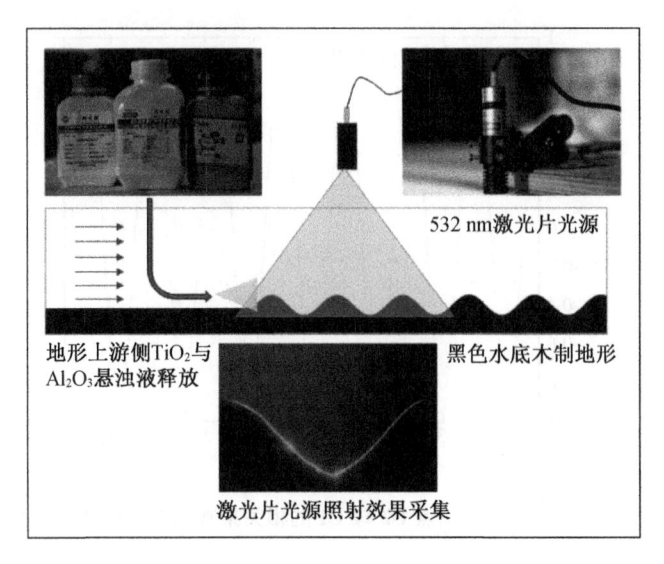

图 2.10　激光流场示踪装置示意图

采用医用静脉输液器将高锰酸钾饱和溶液通过针管连续缓慢注入水底正弦地形附近不同位置处的流场，以通过示踪溶液进行流场运动特性的观察。实验在水底地形波陡 0.333（地形波高为 8.0 cm）、相对水深 0.8（实际平均水深 19.2 cm），弗劳德数 F 分别为 0.17、0.24、0.31 的水流条件下，将高锰酸钾饱和溶液通过输液器针管连续缓慢注入水底正弦起伏地形第一与第二个波峰之间的不同位置处，采用高清相机拍摄示踪溶液释放后的流态及运动过程，如图 2.11 所示。

2.6.3　地形上方铝箔碎屑的激光流场延时曝光示踪

为了解逆流行进波产生时，水底正弦起伏地形上部的水质点运动轨迹特征，实验选取水底地形波陡 0.333（地形波高为 8.0 cm）、相对水深 0.8（实际平均水深 19.2 cm）、弗劳德数 $F=0.24$ 产生强烈逆流行进波的地形与水流条件组次，将尺寸为 2 mm×(2～6) mm 的粉末状铝箔与水混合，然后注入正弦地形上游侧的流场，并通过相机对流场进行时间为 2～3 s 的延时曝光，从而拍摄铝箔碎屑在正弦地形上部流场中的运动轨迹，如图 2.12 所示。

2.7　本章小结

针对逆流行进波产生现象观测所开展的系列水槽实验详细介绍实验的设计与实现过程，本章分别从水槽及正弦地形参数的设置、水流与波面测量设备及布置、实验组次安排与实施过程、水流流态与流速条件率定、通过水面波动时序列

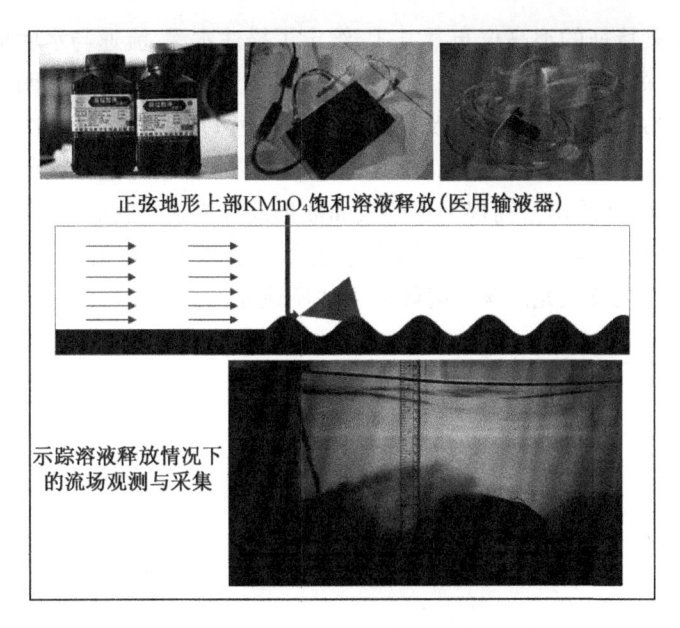

图 2.11　高锰酸钾饱和溶液示踪装置示意图

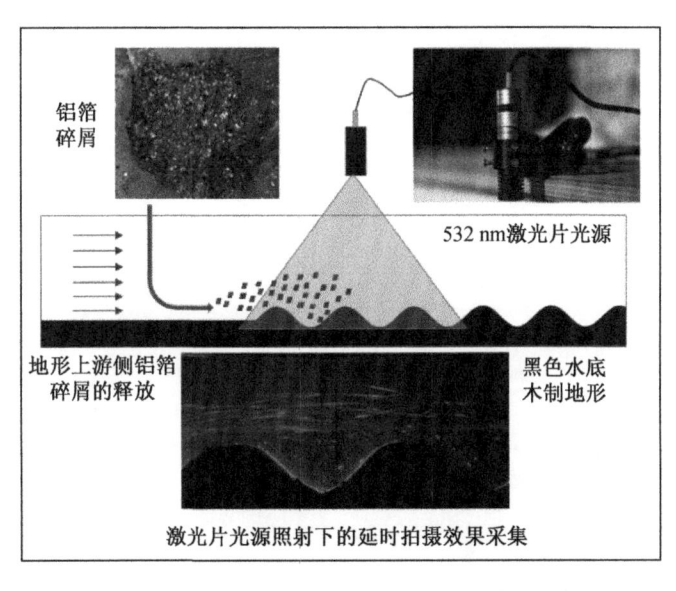

图 2.12　铝箔碎屑的激光流场延时曝光装置示意图

的波要素分析计算方法及流场定性观测的设备布置这六个方面进行说明。

本章阐述了考虑波流水槽尺寸、水泵设备能力、地形波陡特征的水底连续正弦起伏地形的参数设计方法，明确了适合与理论解析结果对比的水底正弦起伏地形安装布设方式，设计了测量逆流行进波在水底正弦地形上部及其上游与下游侧的波要素特征的浪高仪布置方式，给定了描述水深、流速与水底地形起伏程度的相对水深、弗劳德数与水底地形波陡这三个无量纲变量参数，明确实验组次中相应变量参数的安排情况以及具体的实验流程；对于各实验组次水流条件的参数率定，验证了水流流态的稳定性，提出基于断面平均流速控制的流速条件率定方法与结果；并给出浪高仪采集的波面数据处理方式，波幅与频率特征的计算方式，以及波长的推算方法。此外，本章还介绍了基于激光流场示踪、高锰酸钾溶液流场示踪以及激光流场延时曝光方法所建立的简易流场定性观测设备及采集方法。

第三章
基于水槽实验的逆流行进波特性分析

本章在逆流行进波水槽实验的设计与实现基础上,探讨逆流行进波在不同水深、地形波陡,特别是不同流速条件下的激发特性,分析逆流行进波的波要素(波幅、周期与波长)随水流流速、水深与地形波陡条件改变的变化规律,明确逆流行进波的存在范围,细致观测波形产生时其波要素在水底正弦起伏地形上部的空间分布特性,并尝试对波形激发时水底正弦地形上部流场的运动与动力学特征进行示踪。

3.1 波形随流速变化的产生过程及特征

本节主要针对水槽实验中正弦地形上游及下游侧测点的水面波动时序列和频谱特性进行分析,并观察波形产生时正弦地形上部的水面特征。

3.1.1 正弦地形上游侧水面在流速增大过程中的变化特征

鉴于逆流行进波的波形在产生后向上游方向逆流传播,本小节首先对正弦地形上游侧浪高仪测点的波面时序列和频谱特性在不同流速条件下的变化情况进行分析,以明确逆流行进波在流速增大情况下的产生过程。水槽实验组次中水底地形波陡与相对水深条件较多,在此以水底地形波陡 0.254(对应的地形波高为 6.1 cm),相对水深 0.6 的实验组次为例,该地形与水深条件下的弗劳德数变化范围为 0.15~0.33,其中弗劳德数在 0.25~0.31 范围内的变化间隔为 0.005,其余范围内的变化间隔为 0.01;选取水底正弦地形段上游位置处的浪高仪(编号 U5,距离水底正弦地形段上游端的距离为 3.15 m)所测量的水面波动时序列及对应的频谱(振幅谱)进行分析。

由于流速组次较多,以下根据水面波动特征将流速变化范围内的组次按弗劳德数在 0.15~0.23、0.24~0.28、0.285~0.33 的三个范围分别进行分析,将这三个流速范围内的水面波动时序列及相应的振幅谱分别绘制于图 3.1、图 3.2

与图 3.3 中。

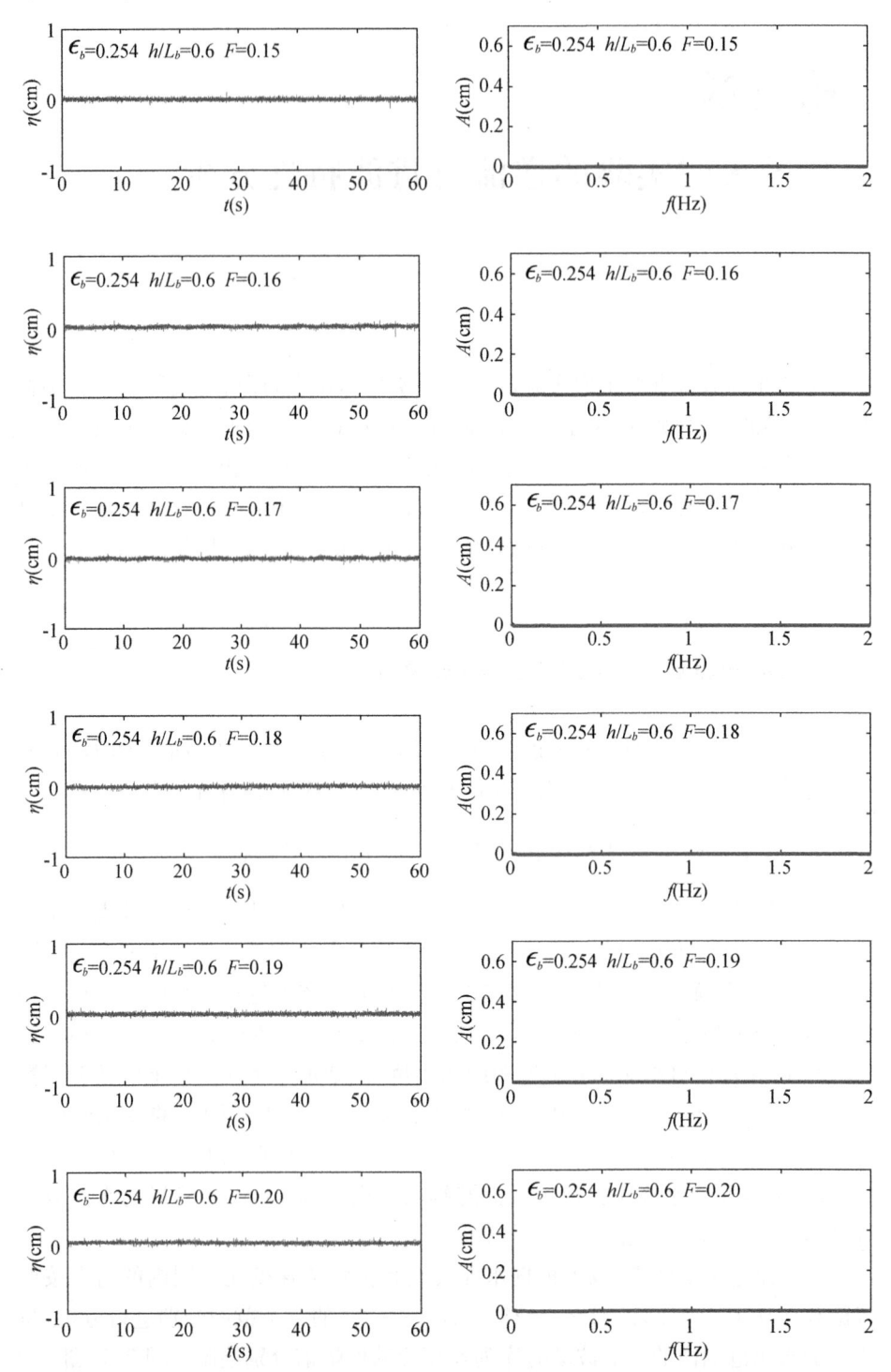

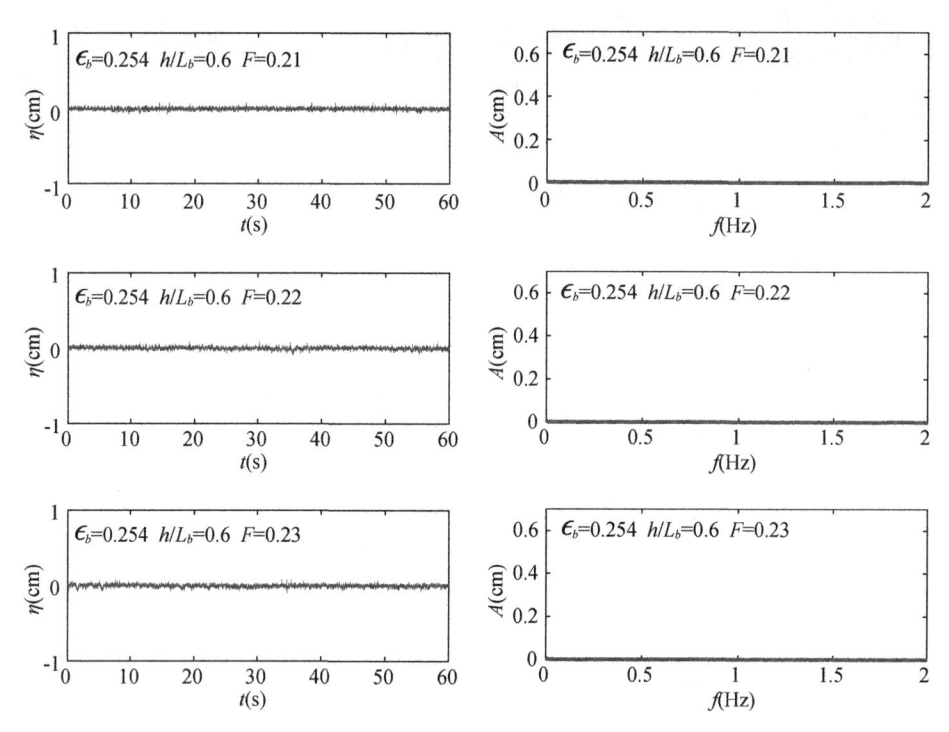

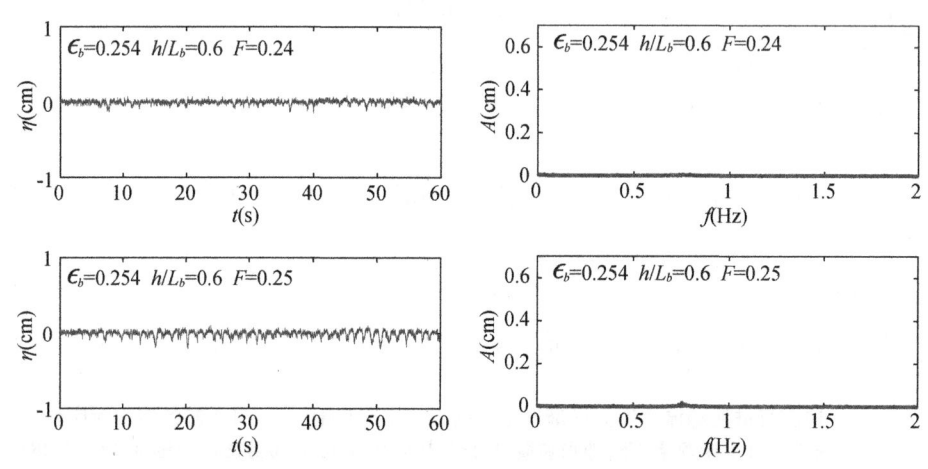

图3.1　逆流行进波未出现的低流速范围内,地形上游的波面时序列与振幅谱
(上游测点 U5,地形波陡 0.254,相对水深 0.6,弗劳德数范围 0.15～0.23)

通过图 3.1 可以看出,在弗劳德数以 0.01 的间隔从 0.15 增大至 0.23 的过程中,正弦地形上游侧的自由水面始终没有出现明显波动,仅存在水流自由表面的微小扰动,波面时序列所对应的振幅频谱中也没有出现特定频率波成分的能量集中情况,说明对于地形波陡 0.254、相对水深 0.6 的实验组次条件,在水流流速较低(弗劳德数在 0.15～0.23)的范围内,正弦地形上游侧的自由水面没有出现逆流行进波的产生现象。

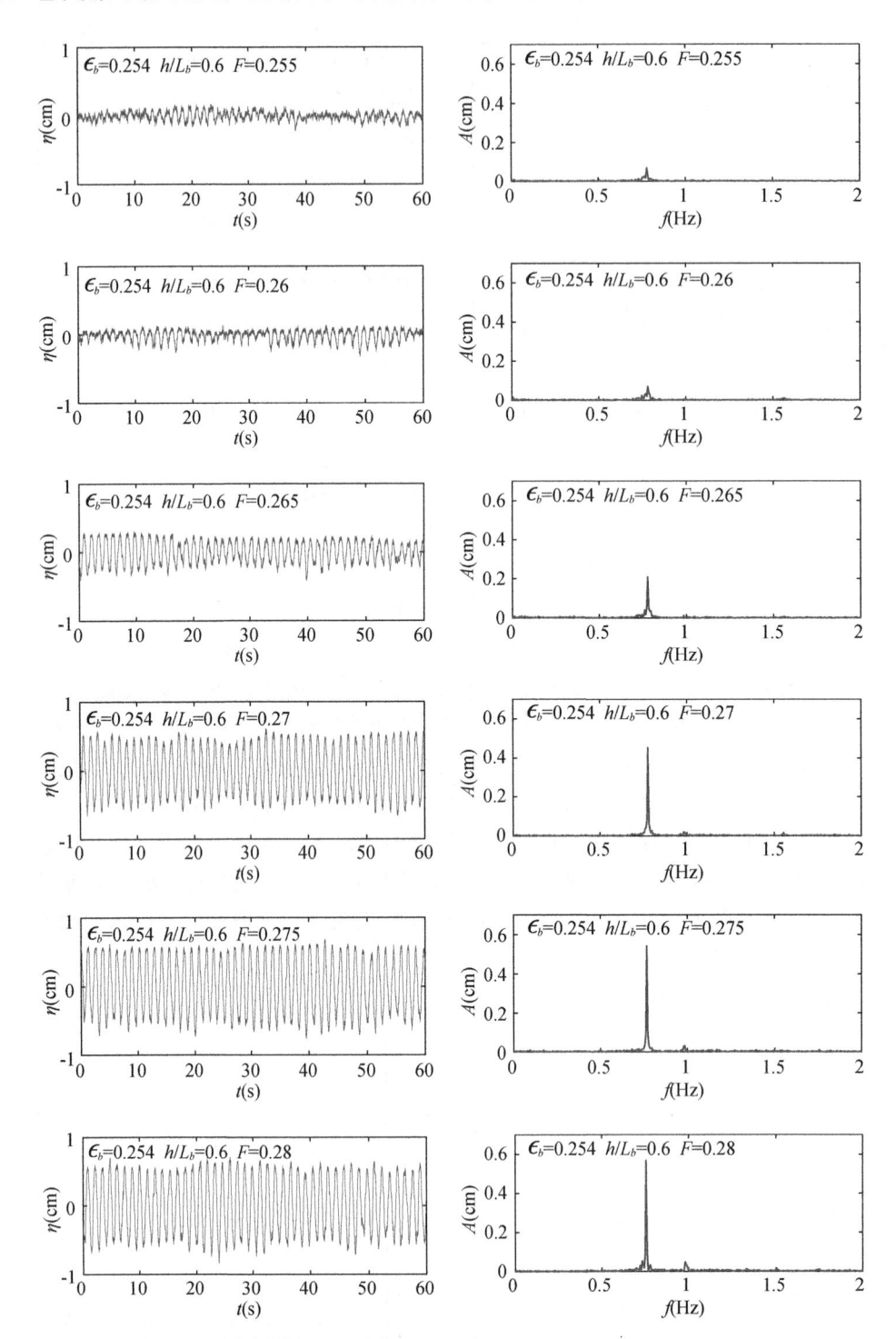

图 3.2 逆流行进波随流速增大逐渐产生并增强的流速范围内,地形上游的波面时序列与振幅谱(上游测点 U5,地形波陡 0.254,相对水深 0.6,弗劳德数范围 0.24～0.28)

图 3.2 显示了正弦地形上游侧自由水面在流速进一步增大（弗劳德数从 0.24 增大至 0.28）过程中的变化特性，当弗劳德数为 0.24 时，水面开始出现极微弱的规则波动成分，当弗劳德数继续增大至 0.25，水面的规则波动开始变得明显，而当弗劳德数增大至 0.265，此时正弦地形上游侧的水面呈现出较为明显的规则波形，其波面时序列对应的振幅谱在特定频率（约 0.78 Hz 处）表现出显著的能量集中；随着弗劳德数的继续增大，水面的规则波动幅度越发剧烈，当弗劳德数增大至 0.28 时，地形上游侧的水面呈现出最为剧烈的波动，其水面波动时序列表现出十分规则且相对稳定的波形，对应波面时序列的振幅谱中仍然呈现出水面波动能量集中于单一频率的特征。

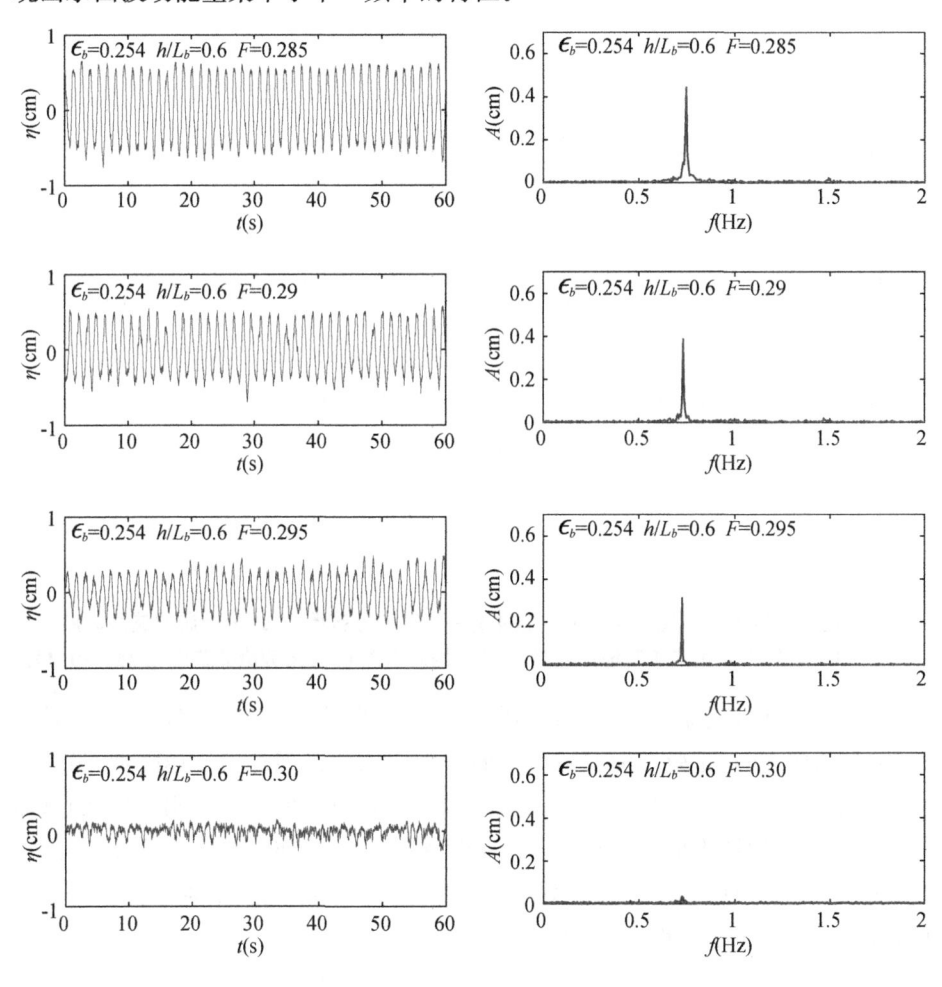

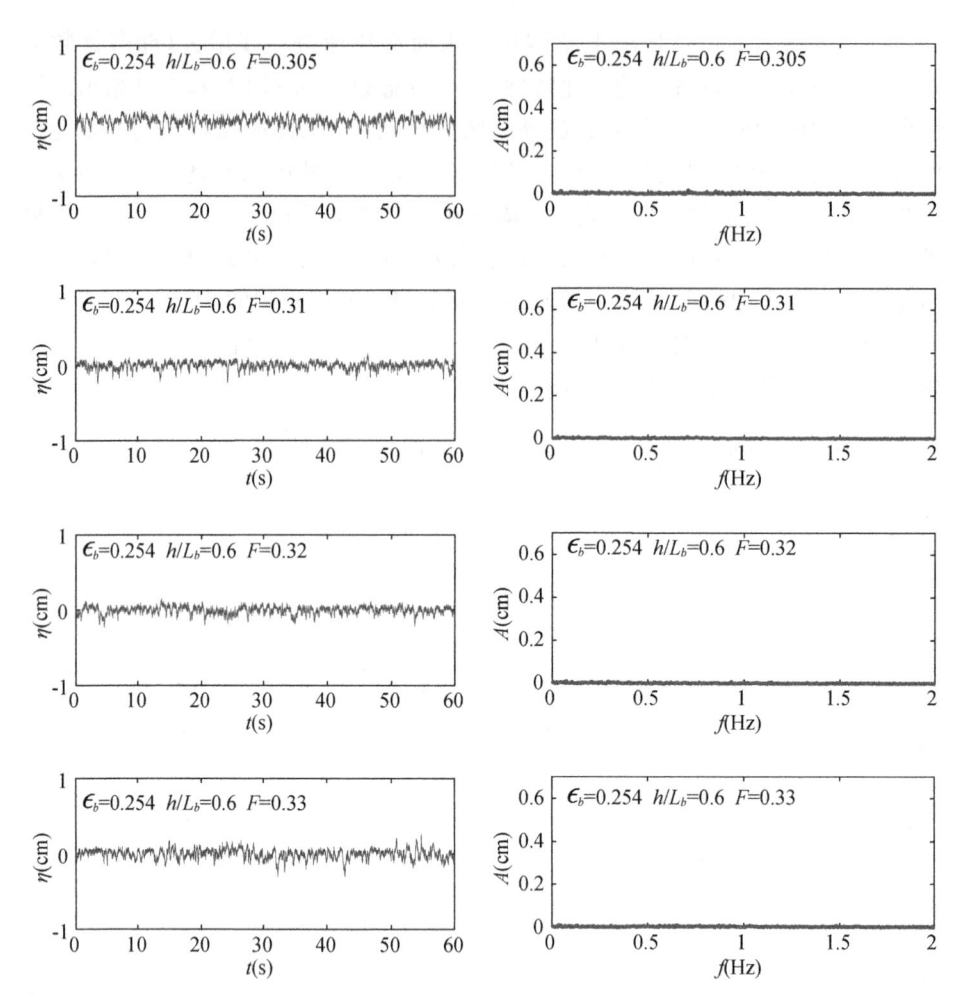

图 3.3 逆流行进波随流速增大逐渐减弱并消失的高流速范围内，地形上游的波面时序列与振幅谱（上游测点 U5，地形波陡 0.254，相对水深 0.6，弗劳德数范围 0.285～0.33）

图 3.3 表明，当流速从产生最剧烈逆流行进波现象的流速条件（弗劳德数为 0.28）继续增大时，正弦地形上游侧水面规则波动的剧烈程度迅速降低，虽然在弗劳德数为 0.285～0.295 的范围内，水面仍存在着较明显的规则波形，但其振幅值却随着流速增大而显著减小。在弗劳德数从 0.30 继续增大至 0.33 的过程中，从水面波动时序列中已观察不到明显的规则波动，仅存在相对杂乱的水流自由表面扰动，振幅谱上也不再出现波能在特定频率的集中。

所以，对于地形波陡 0.254，相对水深 0.6，弗劳德数在 0.15～0.33 范围为示例的水槽实验组次，从水底正弦地形上游侧测点位置处测量的水面波动时序列及对应的振幅谱可以看出：（1）水底正弦地形上游侧的自由水面仅在弗劳德数为 0.26～0.295 的范围内出现明显的规则波动；而在弗劳德数低于 0.25 与高于 0.30 的条件下,地形上游侧的自由水面均未出现明显的规则波动,这说明逆流行进波的现象只存在于较窄的流速范围内,低于或高于该流速范围的情况下均无法产生该波成分。(2) 在能够激发逆流行进波的流速条件下,地形上游侧位置测点处的水面波动呈现出良好的规律性,其时序列表现为连续的规则波动,对应的振幅谱也呈现出波能集中在单一频率上的能量峰值。(3) 在水流流速依据实验流速组次条件逐步增大的过程中,水面逆流行进波的产生与消失现象对流速变化十分敏感,在接近逆流行进波产生的流速条件时,弗劳德数的小幅度变化即可导致正弦地形上游侧的水面波动状态出现明显改变,这表明水流流速条件是决定逆流行进波产生与否的关键因素之一。

对于逆流行进波所具有的规则波动形态,从水槽实验中拍摄的逆流行进波向上游传播的照片也可以看出,图 3.4 是位于正弦地形上部向水流上游侧拍摄的照片,从中可以明显观察到水槽上游一侧的自由水面存在着规则的波形。

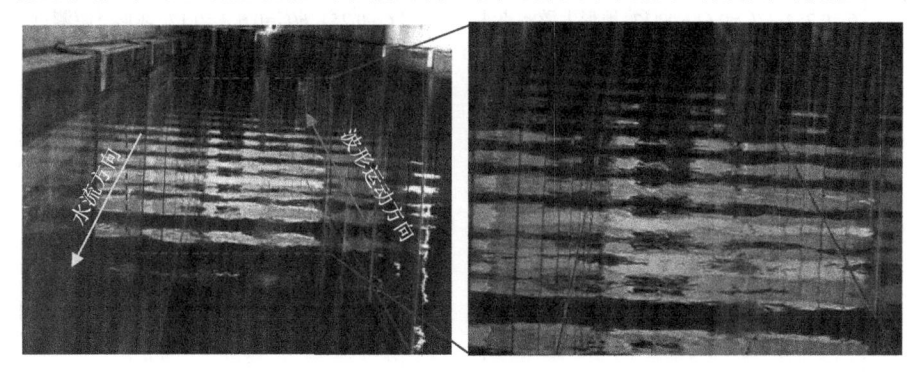

图 3.4　水槽实验中逆流行进波激发时在正弦地形上游侧水面的状态

3.1.2　水底正弦地形上游与下游侧的水面波动变化特征对比

3.1.1 小节所描述的逆流行进波随流速改变的产生过程均由设置在水底正弦地形上游处的浪高仪测量得到,本小节将水底正弦地形下游处的水面波动变化特征与地形上游侧的情况进行对比。同样以水底地形波陡 0.254,相对水深 0.6 的实验组次为例,选取水底正弦地形段下游位置处浪高仪(编号 D1,距离水底正弦地形下游端的距离为 3.60 m)所测量的水面波动时序列,与 3.1.1 节相应的波面时序列进行对比,并同样按弗劳德数在 0.15～0.23、0.24～0.28、0.285～0.33 的三个范围分别绘制在图 3.5、图 3.6 与图 3.7 中,图中的左侧均为上游测点 U5 位置处的波面时序列,右侧均为下游测点 D1 位置处的波面时序列。

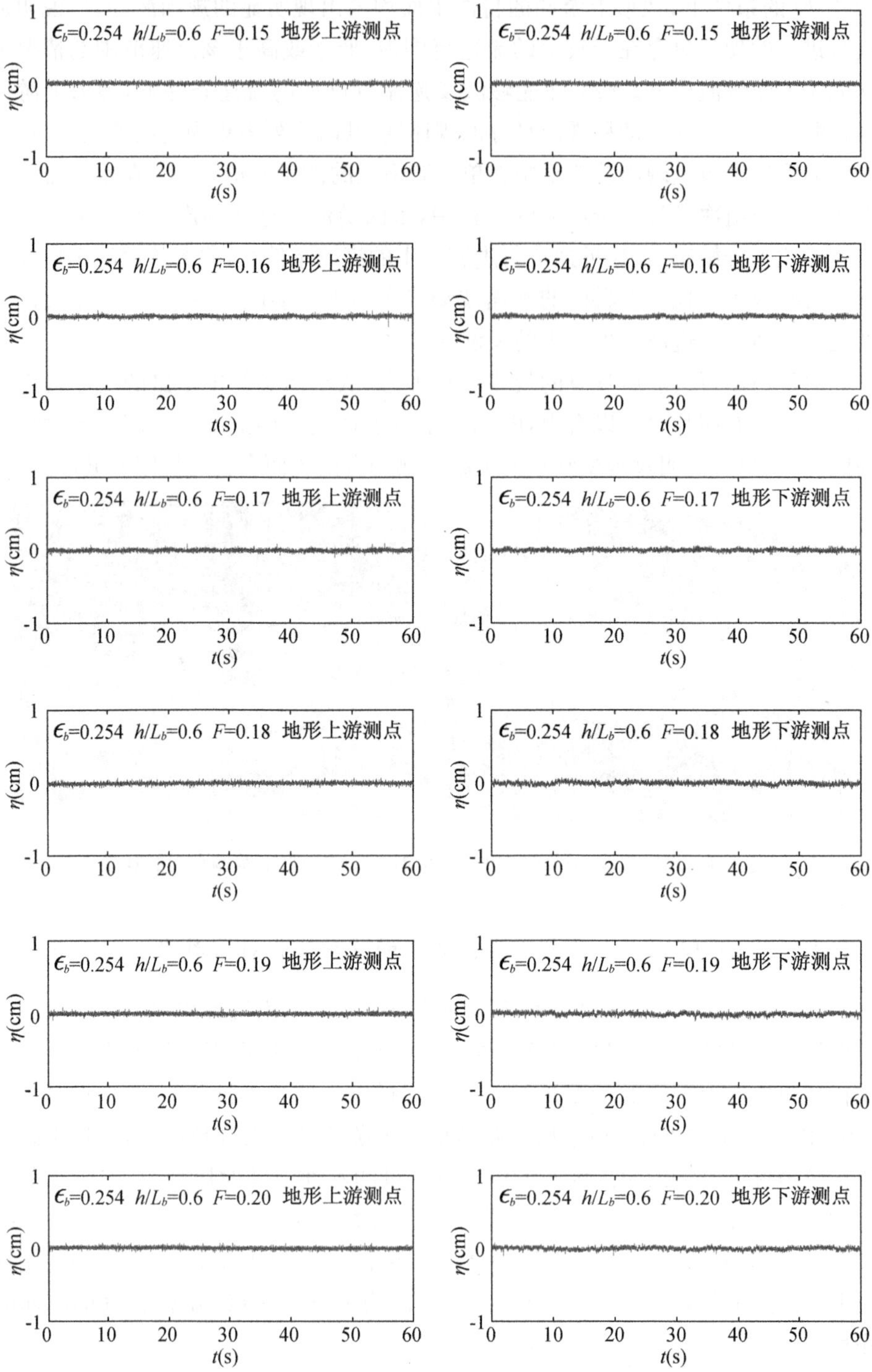

ϵb=0.254 h/Lb=0.6 F=0.15 地形上游测点
ϵb=0.254 h/Lb=0.6 F=0.15 地形下游测点
ϵb=0.254 h/Lb=0.6 F=0.16 地形上游测点
ϵb=0.254 h/Lb=0.6 F=0.16 地形下游测点
ϵb=0.254 h/Lb=0.6 F=0.17 地形上游测点
ϵb=0.254 h/Lb=0.6 F=0.17 地形下游测点
ϵb=0.254 h/Lb=0.6 F=0.18 地形上游测点
ϵb=0.254 h/Lb=0.6 F=0.18 地形下游测点
ϵb=0.254 h/Lb=0.6 F=0.19 地形上游测点
ϵb=0.254 h/Lb=0.6 F=0.19 地形下游测点
ϵb=0.254 h/Lb=0.6 F=0.20 地形上游测点
ϵb=0.254 h/Lb=0.6 F=0.20 地形下游测点
η(cm)
t(s)

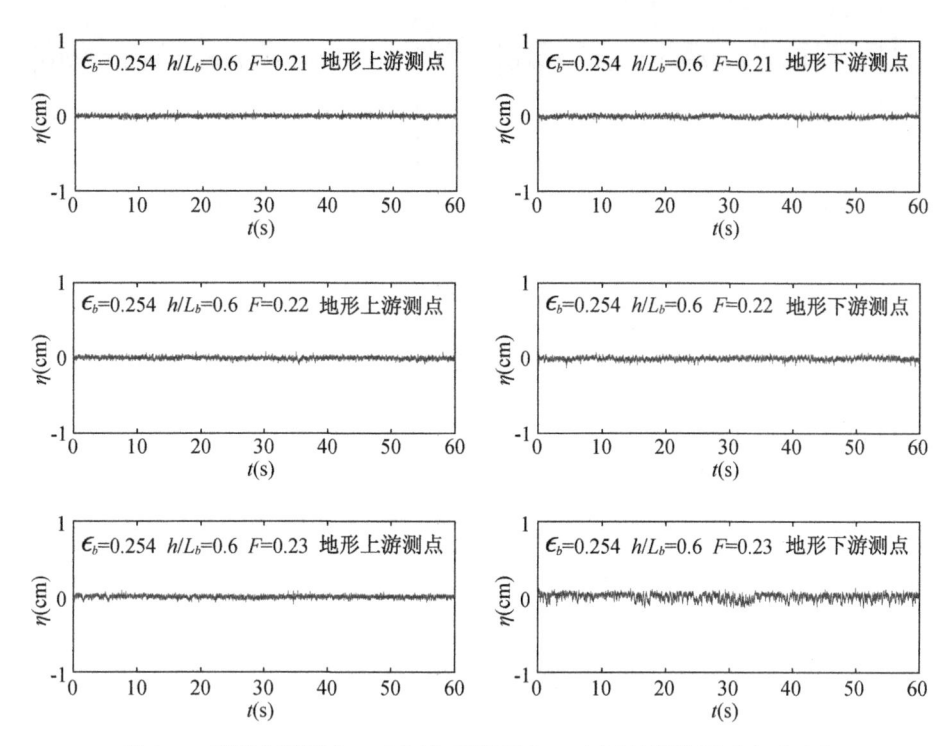

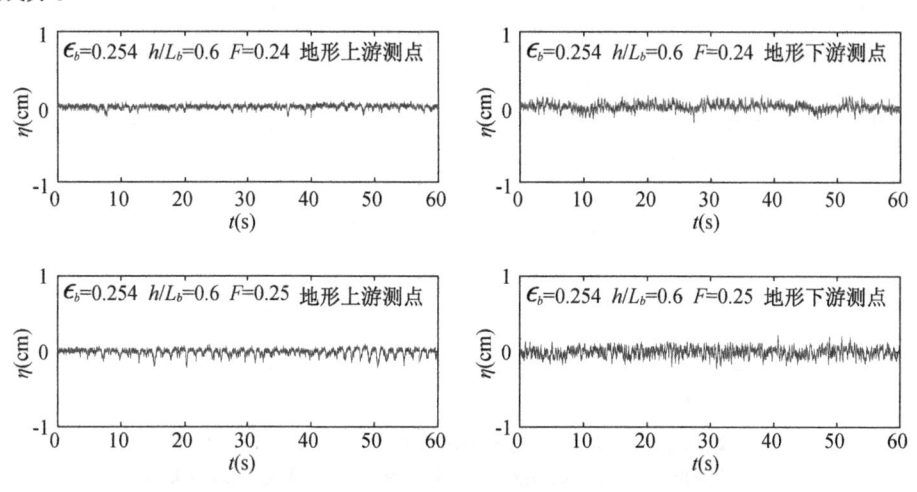

图 3.5　地形上游测点 U5(左)与下游测点 D1(右)处的波面时序列对比
(地形波陡 0.254,相对水深 0.6,弗劳德数范围 0.15～0.23)

从图 3.5 可以看出,在正弦地形上游侧水面未产生明显规则波动的低流速条件下,地形下游侧的水面同样未出现明显波动,与地形上游侧的水面波动时序列特征基本一致;这表明在示例实验组次的低流速条件下(弗劳德数为 0.15～0.23),水底正弦地形的上游与下游位置处的自由水面均未出现明显的规则波动成分。

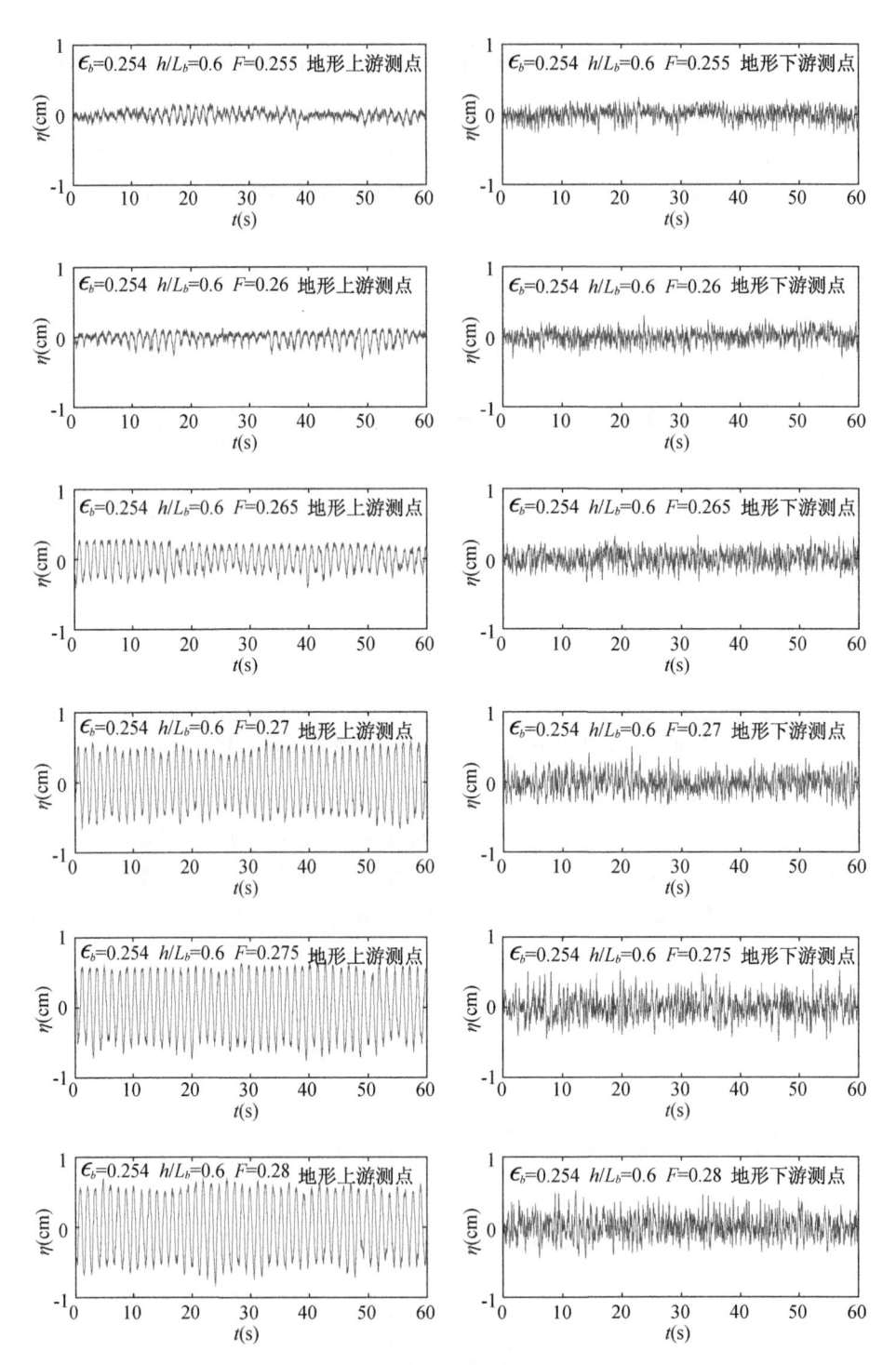

图 3.6　地形上游测点 U5(左)与下游测点 D1(右)处的波面时序列对比
(地形波陡 0.254,相对水深 0.6,弗劳德数范围 0.24～0.28)

当弗劳德数从 0.24 逐渐增长至 0.28，如图 3.6 所示，在正弦地形上游处的水面产生了明显而规则的逆流行进波波形的情况下，地形下游位置处的水面波动特征却完全不同；虽然地形下游侧的水面波动幅度虽然也随着流速增加而逐渐增大，但是其水面波动显得十分杂乱，未能直接观察到规则的波形。

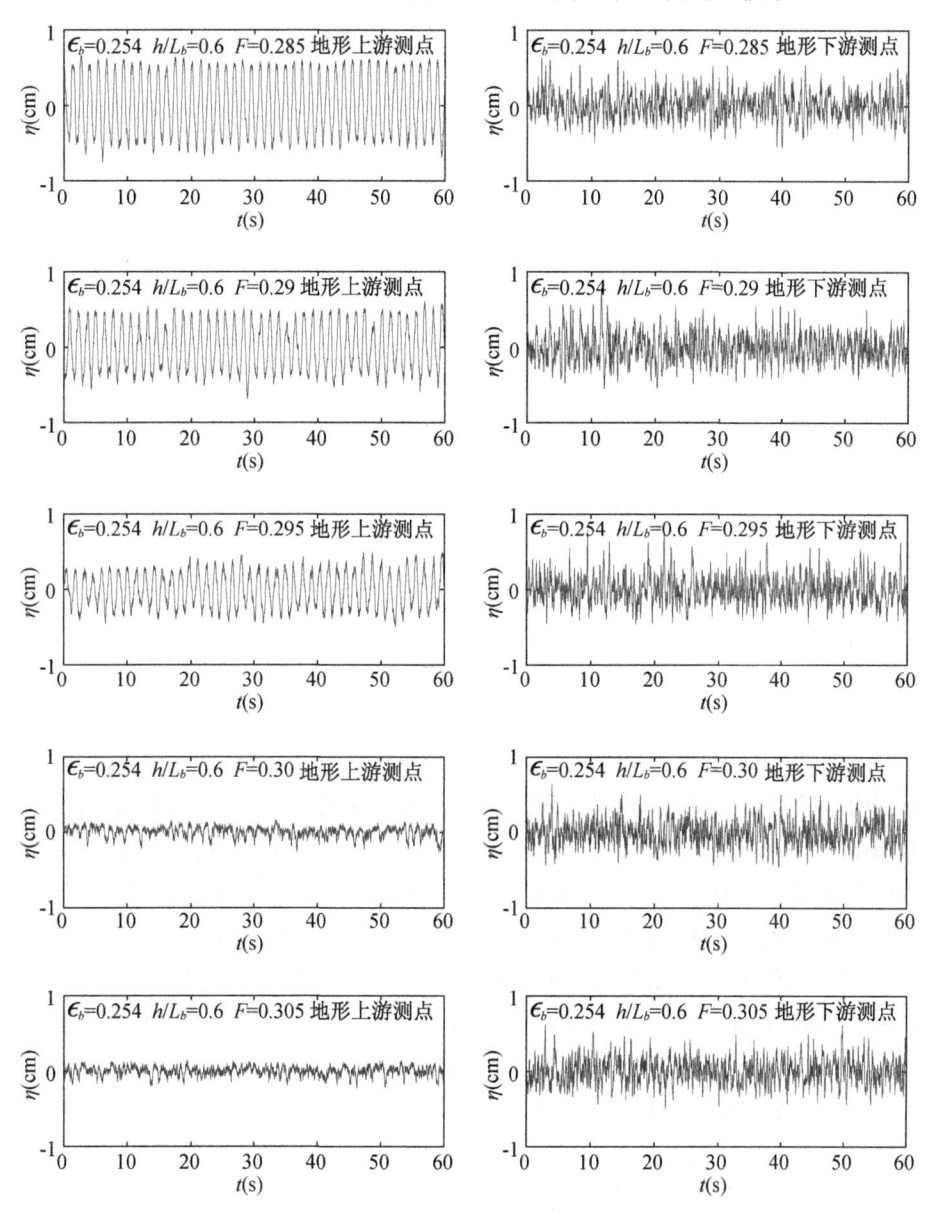

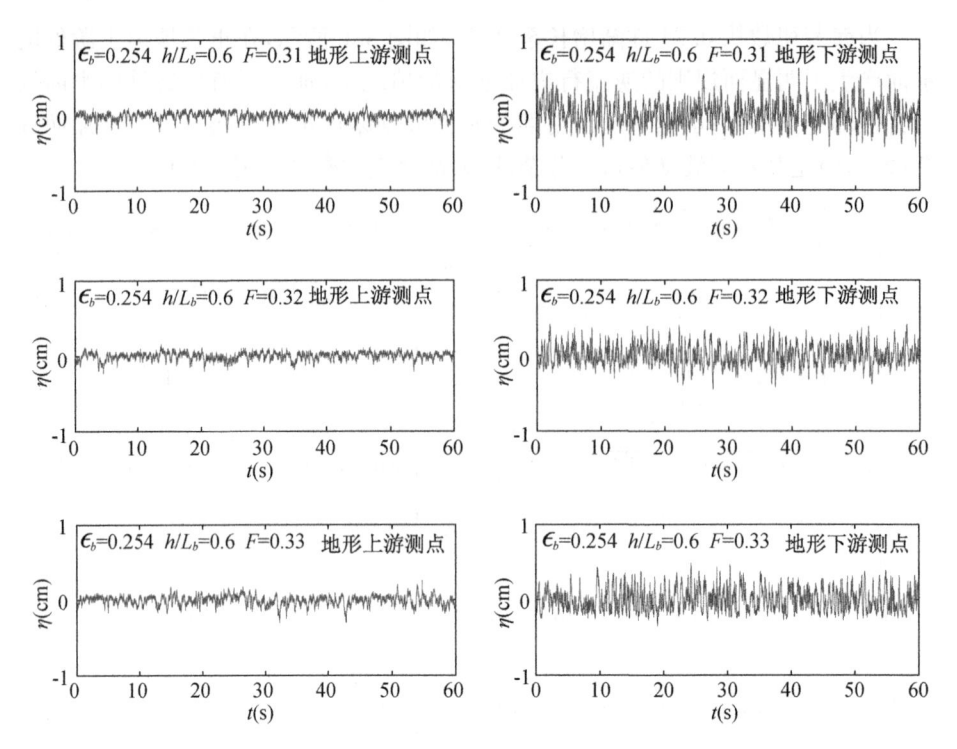

图 3.7 地形上游测点 U5(左)与下游测点 D1(右)处的波面时序列对比
(地形波陡 0.254,相对水深 0.6,弗劳德数范围 0.285~0.33)

当流速在地形上游侧水面产生最大振幅逆流行进波的流速条件基础上继续增加,如图 3.7 所示,在地形上游位置处水面的逆流行进波波幅明显降低,直至规则的波动不再出现,水面恢复相对平稳的状态时,正弦地形下游位置处仍未观察到明显的水面规则波动,仅表现为随着水流流速的持续增加,水面的杂乱波动愈加剧烈,这表明在整个示例组次的流速范围调节过程中,正弦地形下游侧的水面均未观察到与逆流行进波具有相同特征的规则水波,其中随流速增加而逐渐加剧的水面杂乱波动,与水流经过水底正弦地形后产生的水流表面扰动有关。

总的来说:通过对水面波动时序列特征的对比,地形下游位置处的自由水面并未呈现出与上游位置处同样的规律,当地形上游侧水面产生强烈的逆流行进波时,下游侧的水面波动程度虽然增大,却十分杂乱,并未体现出规则的波动。

除了从水面波动时序列特征的角度进行对比,在此选取正弦地形上游侧产生明显逆流行进波的部分实验组次,进一步比较地形上游与下游位置的振幅谱,从频谱的角度分析在地形上游侧产生逆流行进波的频段,地形下游侧的水面是否在同频率处存在波能集中。同样基于地形波陡 0.254,相对水深 0.6 的实验组次,选择能够引发地形上游侧产生明显逆流行进波的流速条件(弗劳德数分别为 0.275 与 0.28),分别比较地形上游与下游侧的水面波动振幅谱,如图 3.8~

3.10 所示。

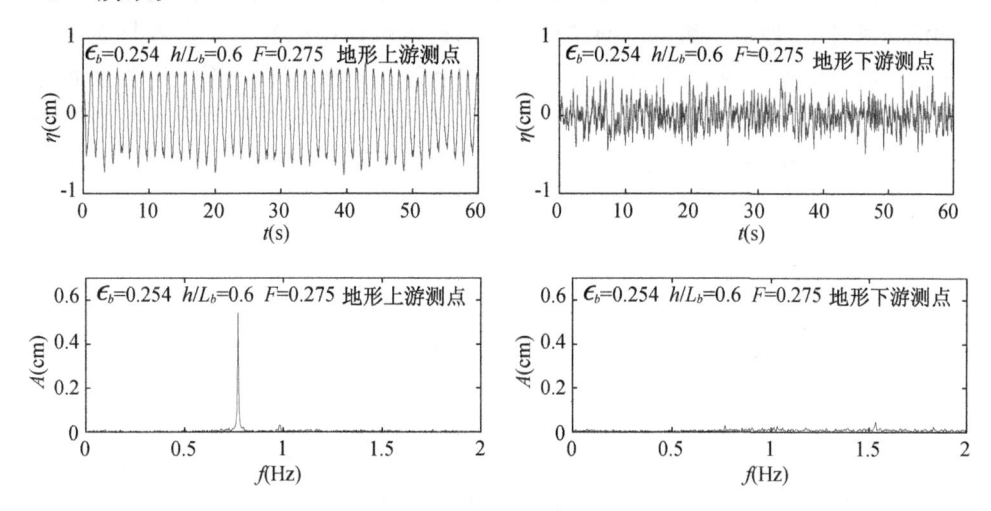

图 3.8　正弦地形上游侧 U5 与下游侧 D1 测点的水面波动时序列与振幅谱对比
（地形波陡 0.254，相对水深 0.6，弗劳德数 0.275）

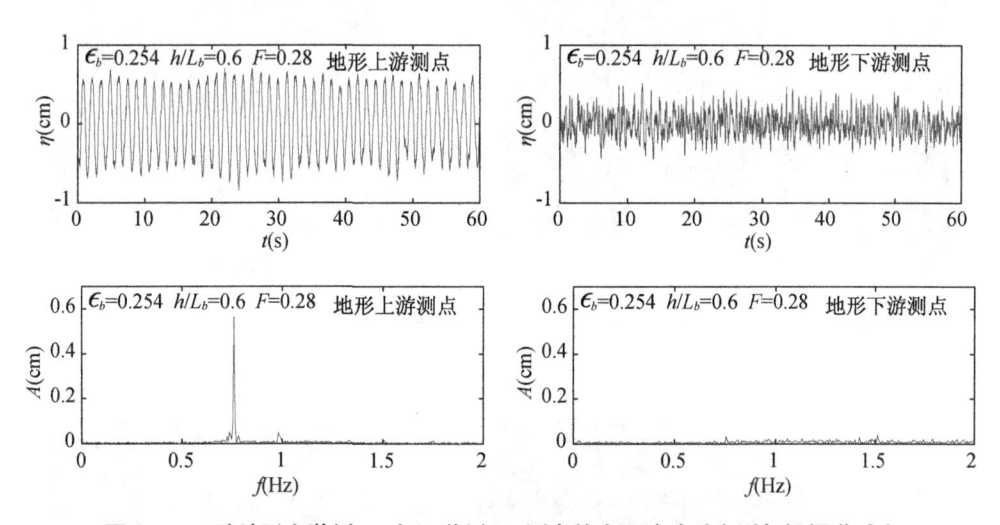

图 3.9　正弦地形上游侧 U5 与下游侧 D1 测点的水面波动时序列与振幅谱对比
（地形波陡 0.254，相对水深 0.6，弗劳德数 0.28）

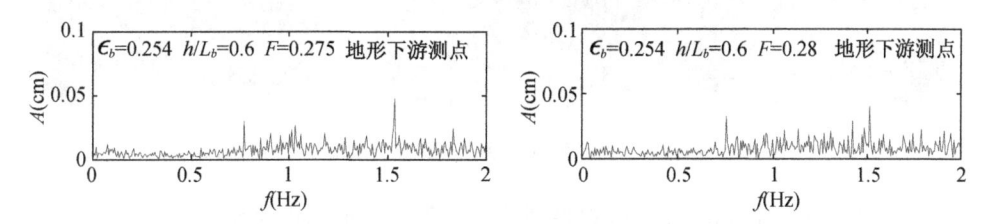

图 3.10　正弦地形下游侧 D1 测点的水面波动振幅谱在更小纵坐标范围内的情况
（地形波陡 0.254，相对水深 0.6，弗劳德数 0.275 与 0.28）

从图 3.8～图 3.10 可以观察发现,在正弦地形上游侧产生强烈逆流行进波的流速条件下,地形下游侧水面波动时序列的振幅谱中虽然也存在着与逆流行进波同频率的波动成分,但相比于正弦地形上游侧,该频率在地形下游侧水面的波能十分微弱(包括其倍频处也存在微弱的波能集中),且与其他频率扰动波的波能在同一个量级。以上情况表明正弦地形下游侧虽然存在该频率的波成分,但其振幅的量值十分微弱。

3.1.3 逆流行进波产生过程中水底正弦地形上部的自由水面现象

在逆流行进波波形产生的水流与地形条件下,除了水底正弦地形上游侧的自由水面出现了明显地规则波动,在实验过程中还可以明显地观察到正弦地形上部的自由水面同时存在着剧烈的水面波动与振荡,如图 3.11 和图 3.12 所示的是地形波陡 0.333、相对水深 0.7、弗劳德数 0.24 的实验组次条件下,水底正弦地形段第 1～4 个波峰位置处的自由水面形态及其放大后的水面特征。

图 3.11 逆流行进波产生时水底正弦地形上部的水面形态(一)

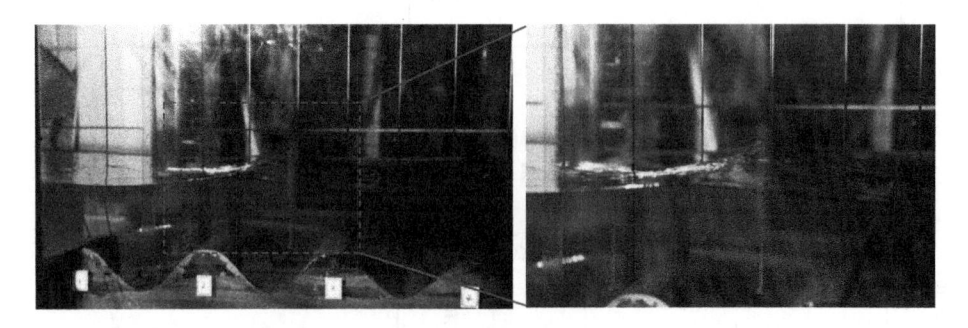

图 3.12 逆流行进波产生时水底正弦地形上部的水面形态(二)

从图 3.11 与图 3.12 可以观察到该实验条件下水底正弦地形上部明显的自由水面波动与剧烈起伏,地形上部产生的水面振荡引发了规则的水波成分,并以逆流行进的自由表面波形式向上游传播。通过以上观察可以明确，逆流行进波源自水底正弦起伏地形上部的自由水面波动；所以逆流行进波成分在正弦地形上部的波要素特征能够从一定程度上反映出波形的产生特性，本章后续也将对正弦地形上部的波要素空间分布特征开展进一步的定量分析。

3.2 逆流行进波波要素随实验变量的变化规律

对逆流行进波激发特性及其波要素特征的影响，主要包含以下三个因素：(1) 水流流速条件（通过弗劳德数表示平均水深条件下的断面平均流速）；(2) 水深条件（通过相对水深，即平均水深与正弦地形波长的比值表示）；(3) 水底连续正弦起伏地形的波陡（正弦地形波高与波长的比值）。而衡量逆流行进波的波成分特征主要包括波浪振幅（反映波成分的激发强度）、波频率与波长（反映波成分的频散关系特征）这三个波要素特征。所以本节首先针对正弦地形上游侧测量得到的水面波动波要素特征（振幅、周期和波长）在实验变量（流速、水深、水底地形波陡）变化情况下的影响特性进行分析。

3.2.1 水面波动振幅随流速、水深与地形波陡改变的变化特征

不同水流与地形条件下逆流行进波的激发强度可以通过水面波动的振幅值进行定量表达，针对正弦地形上游侧测点的水面波动振幅，分析其在不同地形波陡与水深条件下随水流流速改变的变化特征，也是对 3.1 节中水面波动特征随流速变化的定量描述。本小节将分别对波陡为 0.192、0.221、0.254、0.333 地形条件中各相对水深的实验组次，分析水底正弦地形上游处测点 U6 所测量水面波动时序列的平均振幅（基于对水面波动时序列带通滤波后的上跨零点法计算）随流速的变化规律，具体如图 3.13 所示。

通过图 3.13(a) 可以看出，对于正弦地形波陡 0.192，相对水深在 0.5～0.8 的范围内，从平均波幅随弗劳德数的变化曲线可以反映出逆流行进波的产生过程，其中相对水深在 0.5～0.7 范围内所产生的波幅值较大，而相对水深为 0.8 时波幅值相比而言更低。当相对水深为 0.5 时，弗劳德数在 0.20～0.29 的范围内，波幅值没有明显变化，均保持在 0.03 cm 以下，当弗劳德数从 0.295 增长至 0.31 时，波幅从 0.04 cm 迅速增长至 0.35 cm，弗劳德数在 0.315～0.32 的范围内，水面波动振幅值均大于 0.33 cm，而当弗劳德数从 0.32 继续增加至 0.35，振幅值从 0.34 cm 迅速降低至 0.03 cm 并保持在 0.04 cm 以下，振幅随流速变化基本呈现单峰分布特征。相对水深为 0.6 与 0.7 的情况与之类似，只是波幅明显增大的弗劳德数范围分别为 0.305～0.33 与 0.295～0.315，其中产生最大波幅的弗劳德数条件分别是 0.315 与 0.305，相应的最大波幅分别为 0.48 cm 与

0.46 cm。当相对水深达到 0.8 时,波幅随着流速的增大仅在弗劳德数为 0.30 时增大至 0.1 cm,其后未再出现增加,振幅值始终低于 0.1 cm。

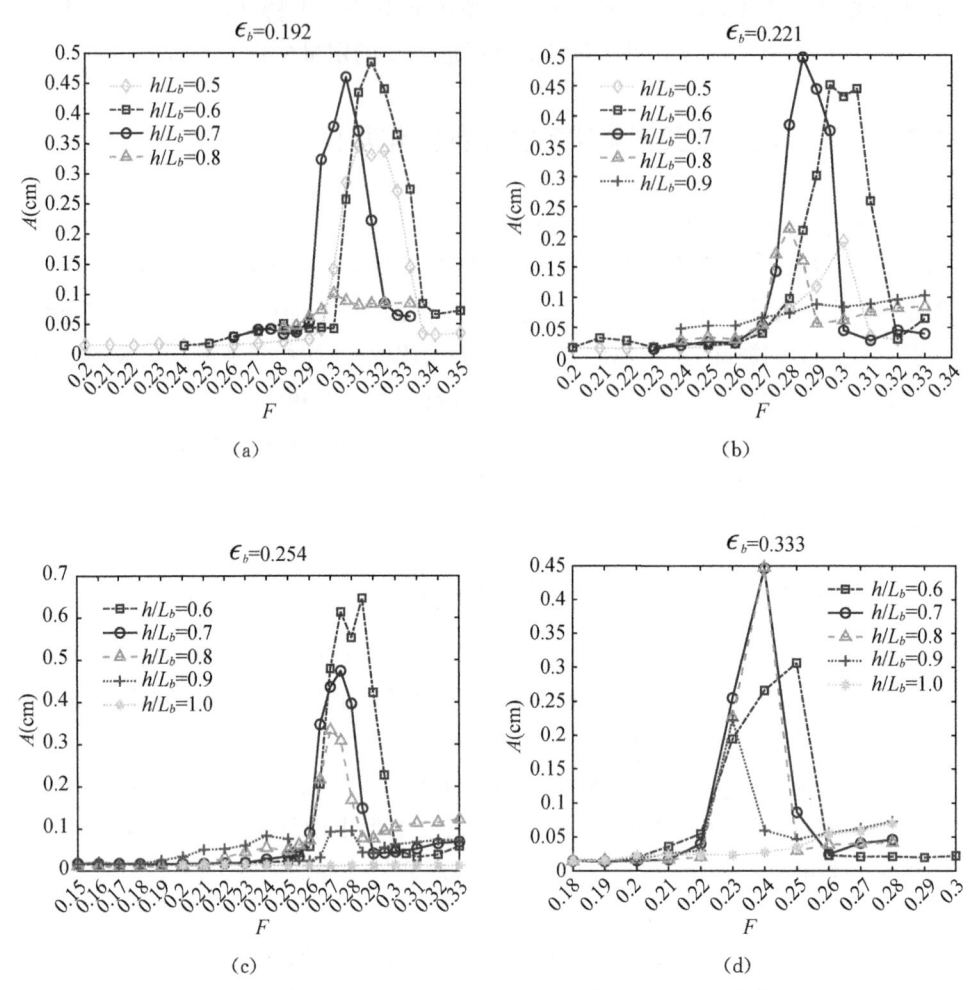

图 3.13　各地形波陡与相对水深条件下,地形上游测点 U6 处的平均波幅随弗劳德数的变化情况

如图 3.13(b)所示,在地形波陡为 0.221,相对水深为 0.5～0.8 的情况下,波幅随弗劳德数变化的总体规律与地形波陡 0.192 的情况类似,在较小的流速范围内波幅明显增大,呈现单峰分布的特征;当相对水深达到 0.9 时,波幅仅随流速的增大缓慢增加,振幅始终未超过 0.1 cm。在地形波陡更大的情况下,如图 3.13(c)(d)所示,地形波陡为 0.254 时,波幅随弗劳德数的变化呈现单峰分布特征的相对水深范围为 0.6～0.8,当相对水深达到 0.9 时,波幅随流速增大并未显著增加,而当相对水深达到 1.0 时,振幅始终低于 0.02 cm;地形波陡为

0.333 时,体现波幅随流速变化单峰分布特征的相对水深范围为 0.6～0.9,当相对水深达到 1.0 时,波幅仅随流速的增大缓慢增加,振幅始终未超过 0.1 cm。

通过以上各地形波陡与相对水深条件下正弦地形上游侧水面波动振幅随流速的变化规律,可以明确逆流行进波的产生范围集中在较小的流速范围内,且在该范围内波幅随流速的变化总体呈现单一峰值的形态,此外当相对水深超过特定值,逆流行进波便不再被激发。

对应于图 3.13 中各地形波陡与相对水深条件,通过正弦地形上游 U6 测点处水面波动平均振幅所观察得到的波幅明显增大的弗劳德数范围及其范围量值列于表 3.1(在表 3.1 中通过 R_f 表示波形存在的弗劳德数范围大小)中。

表 3.1 基于正弦地形上游 U6 测点处水面波动平均振幅的逆流行进波存在范围情况

h/L_b \ ϵ_b	0.192	0.221	0.254	0.333
0.5	0.295～0.325 $R_f=0.030$	0.270～0.300 $R_f=0.030$		
0.6	0.305～0.330 $R_f=0.025$	0.270～0.310 $R_f=0.040$	0.255～0.295 $R_f=0.040$	0.220～0.250 $R_f=0.030$
0.7	0.295～0.315 $R_f=0.020$	0.270～0.295 $R_f=0.025$	0.255～0.285 $R_f=0.030$	0.220～0.250 $R_f=0.030$
0.8	0.295～0.305 $R_f=0.010$	0.270～0.285 $R_f=0.015$	0.260～0.280 $R_f=0.020$	0.230～0.240 $R_f=0.010$
0.9				0.230～0.240 $R_f=0.010$

对表 3.1 中波形产生的弗劳德数范围 R_f 在不同地形波陡与相对水深条件下的变化情况,绘制于图 3.14 中。

对于逆流行进波产生范围随相对水深的变化关系,从图 3.14 可以看出,在各正弦地形波陡条件下,逆流行进波的产生范围均随着相对水深的增大而逐渐降低,且最终降低至零,即波成分不再被激发。

对应于图 3.13 中各地形波陡及相对水深条件下的实验组次,将通过起伏地形上游 U6 测点处水面波动平均振幅测算得到的最大逆流行进波振幅及相应的弗劳德数(通过 F_{max} 与 A_{max} 表示产生最大波幅的弗劳德数及相应的振幅值)列于表 3.2 中。

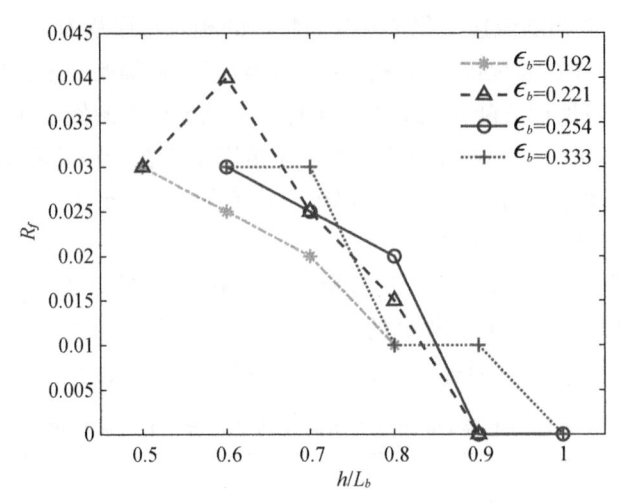

图 3.14　不同地形波陡条件下,通过地形上游侧平均波幅识别的逆流行进波产生范围随相对水深的变化情况

表 3.2　基于正弦地形上游 U6 测点处水面波动平均振幅的各地形波陡与相对水深组次中逆流行进波最大波幅及相应的弗劳德数条件

ϵ_b h/L_b	0.192	0.221	0.254	0.333
0.5	$F_{max}=0.310$ $A_{max}=0.35$ cm	$F_{max}=0.300$ $A_{max}=0.19$ cm		
0.6	$F_{max}=0.315$ $A_{max}=0.48$ cm	$F_{max}=0.295$ $A_{max}=0.45$ cm	$F_{max}=0.285$ $A_{max}=0.65$ cm	$F_{max}=0.250$ $A_{max}=0.31$ cm
0.7	$F_{max}=0.305$ $A_{max}=0.46$ cm	$F_{max}=0.285$ $A_{max}=0.50$ cm	$F_{max}=0.275$ $A_{max}=0.47$ cm	$F_{max}=0.240$ $A_{max}=0.45$ cm
0.8	$F_{max}=0.300$ $A_{max}=0.10$ cm	$F_{max}=0.280$ $A_{max}=0.21$ cm	$F_{max}=0.270$ $A_{max}=0.33$ cm	$F_{max}=0.240$ $A_{max}=0.45$ cm
0.9				$F_{max}=0.230$ $A_{max}=0.22$ cm

对于表 3.2 中,正弦地形上游侧测点 U6 测量到的各波陡与水深条件下水面波动时序列的最大振幅(通过 A_{max} 表示),其振幅值随相对水深的变化,如图 3.15 所示。

从图 3.15 可以看出,在地形波陡为 0.192、0.221 与 0.333 的条件下,随着相对水深的增加,水槽实验所激发的最大波幅值总体上呈现出先增大然后减小的规律,在地形波陡为 0.254 的情况下,最大波幅值随相对水深的增加呈现单调递减。此外,随着地形波陡的增大,能够激发出逆流行进波的最大相对水深值也

第三章 基于水槽实验的逆流行进波特性分析

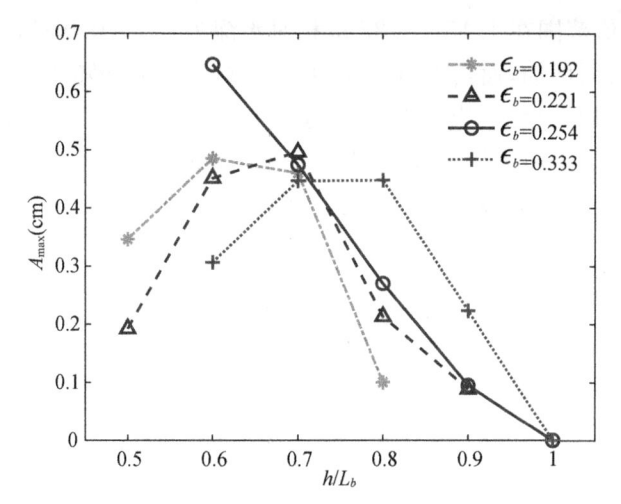

图 3.15 不同地形波陡条件下,各相对水深组次下的最大逆流行进波振幅随水深的变化情况

随之增加。

3.2.2 逆流行进波周期随流速、水深与地形波陡改变的变化特征

逆流行进波的周期反映了水面波动的时间特征,通过分析波周期在不同地形波陡与水深条件下,随水流流速改变的变化特征,以获得与波成分频散特征有关的规律。对于逆流行进波周期的确定,通过计算各地形波陡与相对水深条件的实验组次中水底正弦地形上游侧及其上部所有测点波面时序列的谱峰周期,并对各流速条件下各测点的谱峰周期值进行比较,如果各位置测点所计算的谱峰周期值保持一致且接近定性观测的水面波动周期,则将该谱峰周期值计为相应地形波陡、水深与流速条件下所产生逆流行进波的周期。

本小节将分别对波陡为 0.192、0.221、0.254、0.333 地形条件中各相对水深的实验组次,计算分析水底正弦地形上游侧及其上部各测点可识别为逆流行进波周期的谱峰周期值,并将其随水流流速的变化规律绘制如图 3.16 所示。

从图 3.16(a)可以看出,在地形波陡为 0.192,相对水深 0.5~0.8 的条件下,从水槽内各测点采集水面波动时序列的谱峰周期所识别出的逆流行进波周期,其波周期值在 1.2 s 至 1.6 s 的范围内,且均随弗劳德数的增加而增大。当地形波陡为 0.221 时,如图 3.16(b),波周期范围在 1.22~1.4 s,在相对水深为 0.7 与 0.8 时,波周期且均随弗劳德数的增加而增大,而相对水深为 0.5 与 0.6 时,波周期均随弗劳德数的增加呈现先降低后增加的趋势,在相对水深为 0.9 时,仅在弗劳德数 0.27 的情况下可以从谱峰周期中识别出逆流行进波的周期。地形波陡为 0.254 时,如图 3.16(c)所示,波周期值在 1.26~1.4 s 的范围内,周期随弗劳德数的规律与图 3.16(a)一致。当地形波陡达到 0.333,如图 3.16(d)

所示,波周期值范围在 1.15~1.35 s,相对水深为 0.7~0.9 时,波周期均随弗劳德数的增大而增加,而当相对水深为 0.6 时,波周期均随弗劳德数的增加呈现先降低后增加的趋势,当相对水深达到 1.0,仅在弗劳德数为 0.22 时可以从谱峰周期中识别逆流行进波的周期。总的来说,在各地形波陡与相对水深条件的实验组次中,能够识别出的逆流行进波周期总体随着弗劳德数的增加而增大。

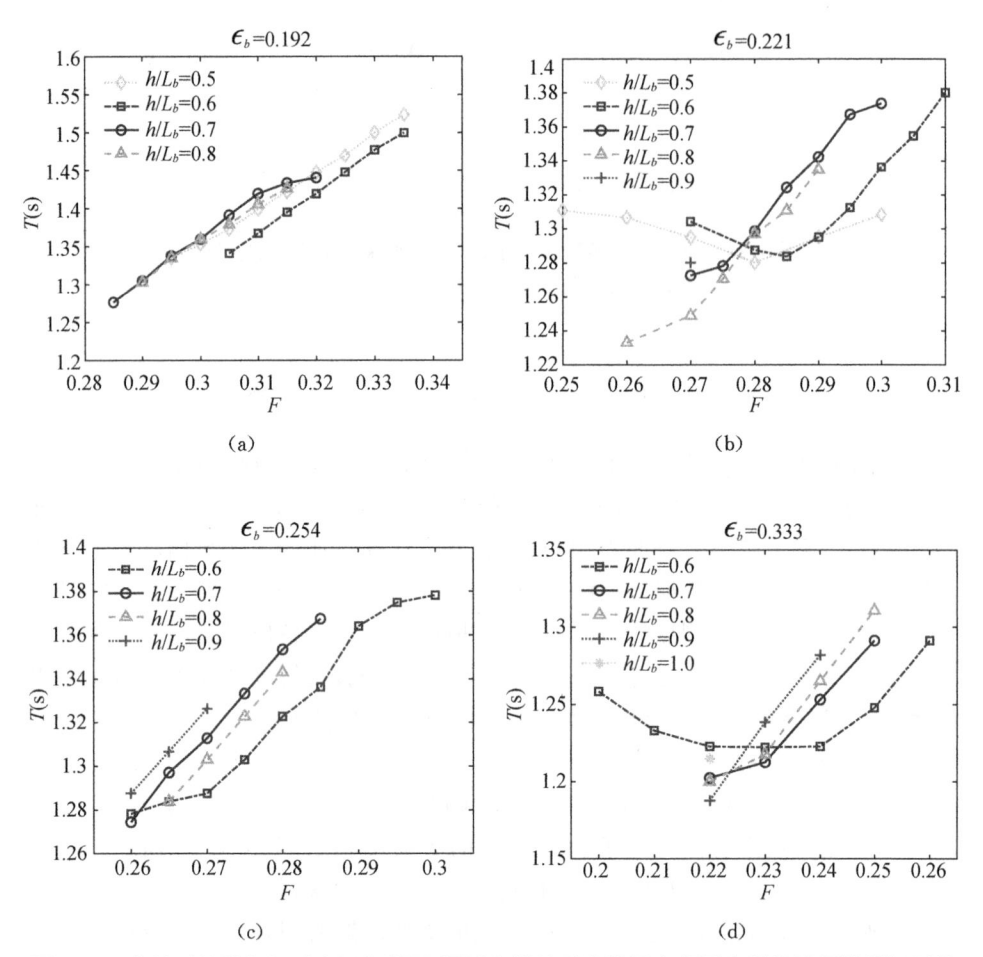

图 3.16 各地形波陡与相对水深条件下,通过起伏地形上游及上部测点的谱峰周期所识别的逆流行进波周期随弗劳德数的变化情况

在各水底地形波陡与相对水深条件下,通过正弦地形上游侧及上部测点处的水面波动时序列谱峰周期识别出逆流行进波周期,得到基于波周期识别所对应的波形存在范围,并将具体的弗劳德数范围量值 R_f 列于表 3.3 中。

表3.3　基于正弦地形上游侧与上部测点处水面波动谱峰周期的逆流行进波存在范围

ϵ_b \ h/L_b	0.192	0.221	0.254	0.333
0.5	0.295～0.335 $R_f=0.040$	0.250～0.300 $R_f=0.050$		
0.6	0.305～0.335 $R_f=0.030$	0.270～0.310 $R_f=0.040$	0.260～0.300 $R_f=0.040$	0.200～0.260 $R_f=0.060$
0.7	0.285～0.320 $R_f=0.035$	0.270～0.300 $R_f=0.030$	0.260～0.285 $R_f=0.025$	0.220～0.250 $R_f=0.030$
0.8	0.290～0.315 $R_f=0.025$	0.260～0.290 $R_f=0.030$	0.265～0.280 $R_f=0.015$	0.220～0.250 $R_f=0.030$
0.9		0.270 $R_f=0.005$	0.260～0.270 $R_f=0.010$	0.220～0.240 $R_f=0.020$
1.0				0.220 $R_f=0.005$

表3.3中通过谱峰频率得到的波形产生范围要大于通过地形上游侧测点平均振幅值所得到的波形产生范围,这说明通过谱峰频率来判断逆流行进波的产生条件相比振幅而言更加准确。对表3.3中的波形产生范围量值 R_f 在不同地形波陡与相对水深条件下的变化情况,通过图3.17表示。

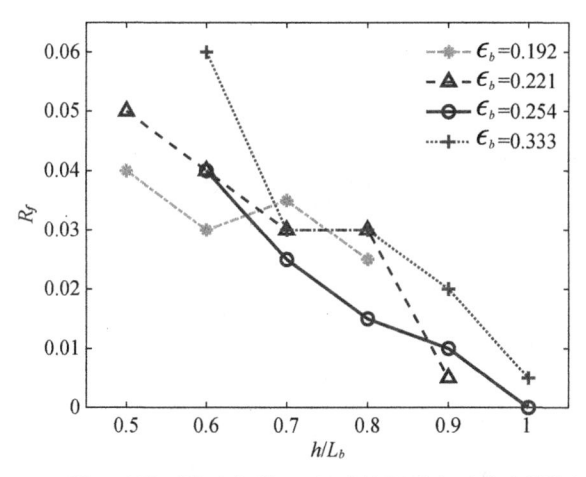

图3.17　不同正弦地形波陡条件下,通过波面时序列谱峰周期识别的
逆流行进波产生范围随相对水深的变化情况

通过图3.17可以明显看出,通过波面时序列谱峰周期识别出的逆流行进波产生范围,均随相对水深的增加而降低,这与通过水面波动平均波幅特征所识别

出波形产生范围(图 3.14)的变化规律一致。

3.2.3 逆流行进波波长随流速、水深与地形波陡改变的变化特征

逆流行进波的波长反映了波形在空间传播过程中的特征,通过正弦地形上游侧设置的三对浪高仪(U1—U2、U3—U4、U5—U6)所采集的水面波动时序列,基于相关系数方法(详见 2.5.2 节)分别进行计算;对于各地形与水流条件实验组次中计算得到的波长值,如果三对浪高仪所计算的波长值基本保持一致且在定性观测的波长范围内,则将三对测点所计算得到的波长值计为相应地形波陡、水深与流速条件下所产生逆流行进波的波长,然后分析相应波长在不同地形波陡与水深条件下,随水流流速改变的分布情况。

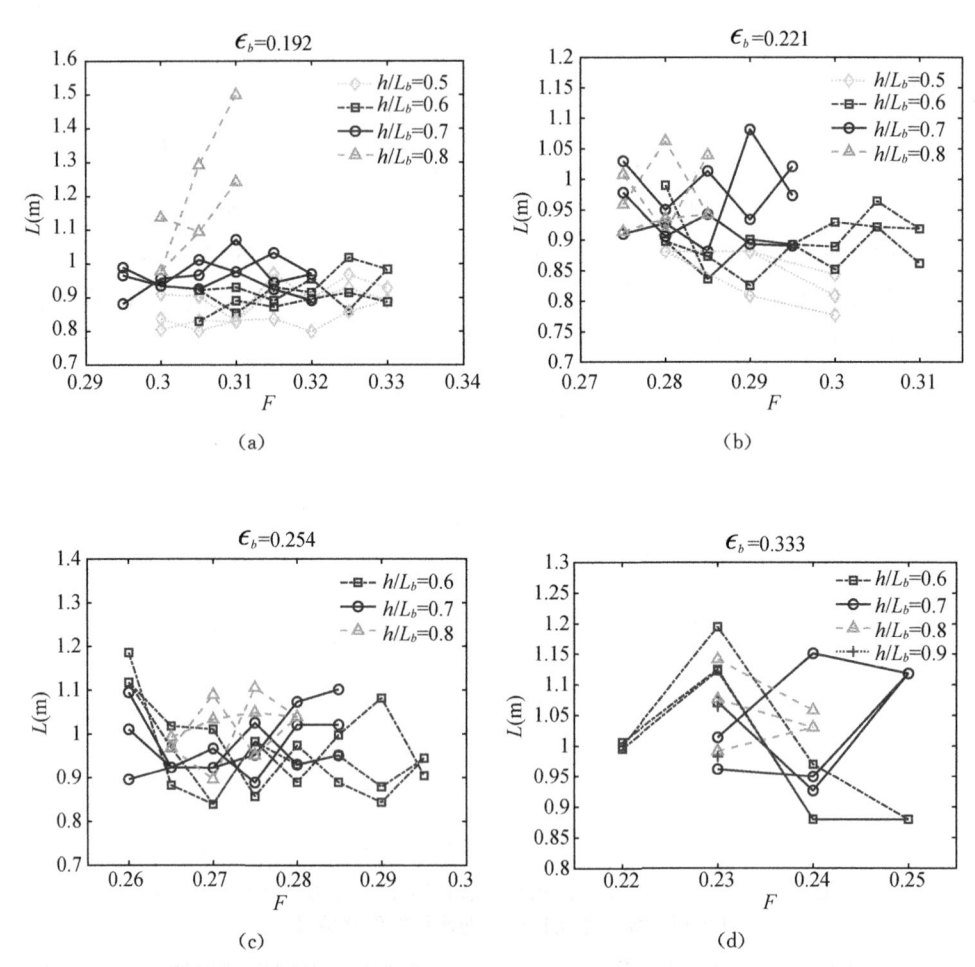

图 3.18 各地形波陡与相对水深条件下,地形上游侧三对测点可识别的波长值随弗劳德数的变化情况

在地形波陡为 0.192 的情况下，如图 3.18(a)所示，各相对水深组次中可以识别出的逆流行进波波长值分布在 0.8~1.5 m 的范围内，波长随流速增长的变化规律并不明显，仅在总体上呈现波长随流速增加而增大的趋势；相对水深对波长总体上的影响规律表现为，随着相对水深的增大，各水深条件下的逆流行进波波长总体趋势上随之增大。在地形波陡分别为 0.221、0.254 与 0.333 的情况下，如图 3.18(b)~(d)所示，各相对水深组次中可以识别出的逆流行进波波长值分别分布在 0.75~1.1 m、0.8~1.2 m 与 0.85~1.2 m 的范围内，但波长随流速增长的总体变化规律仍不明显。

3.3 逆流行进波的波要素空间分布情况

从 3.1.3 小节对逆流行进波产生时水底正弦地形上部自由水面的观察表明，逆流行进波源自正弦地形上部。为进一步了解正弦地形上部区域波要素的空间分布特征，通过布设在地形上部 17 根浪高仪的同步测量，针对不同水底地形波陡、水深与流速条件下产生逆流行进波的实验组次，对相应的波要素（周期、振幅与波长）空间分布特征进行分析。

3.3.1 地形上部波周期的空间分布特征

为了明确逆流行进波产生时水底正弦地形上部自由水面波周期的空间分布特征，本小节分别对水槽实验中不同水底地形波陡的情况，选取其中各水深条件下产生较强烈逆流行进波的流速组次进行分析。通过计算所选取实验组次中水底正弦地形上部各测点水面波动时序列的谱峰周期，并将这些实验组次中谱峰周期的空间分布特征绘制如图 3.19 所示。

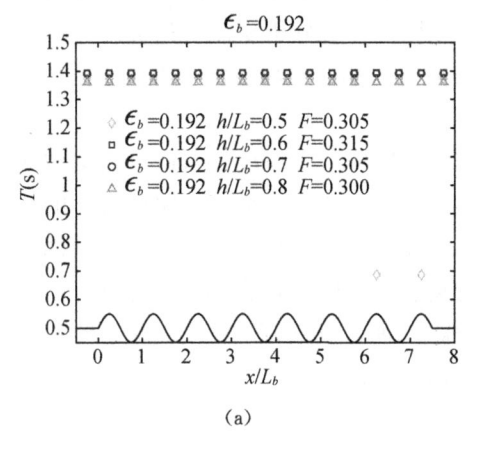

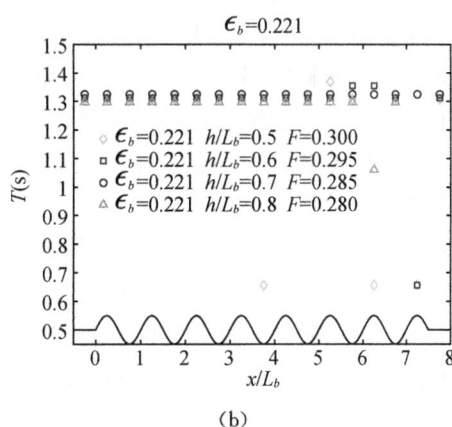

(a)   (b)

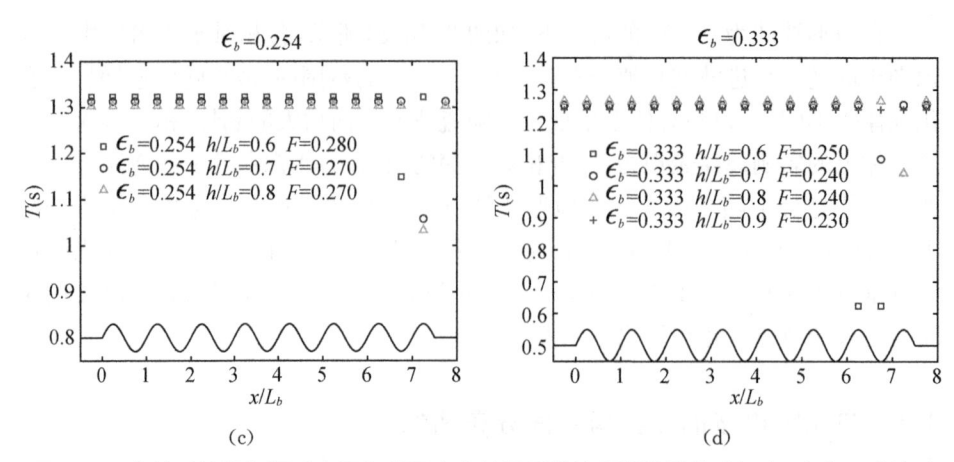

图 3.19 各地形波陡与相对水深条件下产生较强烈逆流行进波的流速组次，水底正弦地形上部波面时序列谱峰周期的空间分布

从图 3.19 可以发现，在 0.192～0.333 的地形波陡条件下，当较强烈的逆流行进波产生时，正弦地形上部的谱峰周期总体上保持一致；仅在部分实验组次中，由于地形上部近下游端部分的逆流行进波未充分成长，导致在相应位置处的自由水面波动频谱中，其他频率扰动波成分的波能相比而言更大，使得谱峰频率出现空间分布上的区别。整体而言，逆流行进波的波成分在水底正弦地形上部产生后，其波成分的频率值在波形向上游传播的过程中始终保持稳定。

3.3.2 地形上部波幅的空间分布特征

基于 3.3.1 小节对水底正弦地形上部自由水面波动谱峰周期空间分布的一致性，对于水底正弦地形上部水面波动振幅的空间分布，本节的分析不再采用带通滤波后的平均振幅值，而是通过 3.3.1 小节所选取的各实验组次中已经明确的逆流行进波的谱峰频率，计算相应谱峰频率所对应波成分的振幅值，这样可以排除其他频率扰动波成分对波幅值计算的影响，着重分析逆流行进波对应频率的波成分振幅空间分布。在此将不同地形波陡与相对水深条件下水底正弦地形上部各测点处的谱峰振幅值绘制如图 3.20。

地形波陡 0.192 情况下的波幅空间分布如图 3.20(a)所示，逆流行进波频率所对应的振幅值在正弦地形上部从下游向上游方向呈现先增加后减小的趋势；其中，在相对水深 0.5～0.7 的组次中，波形振幅向上游方向先呈现显著的增加，然后在 2♯ 与 3♯ 正弦地形处开始明显降低，相比而言，在相对水深 0.8 的组次中，由于逆流行进波的波幅值比其他组次小，所以其波幅的空间变化过程相对而言更加平缓，但波幅空间分布特征仍然相同。

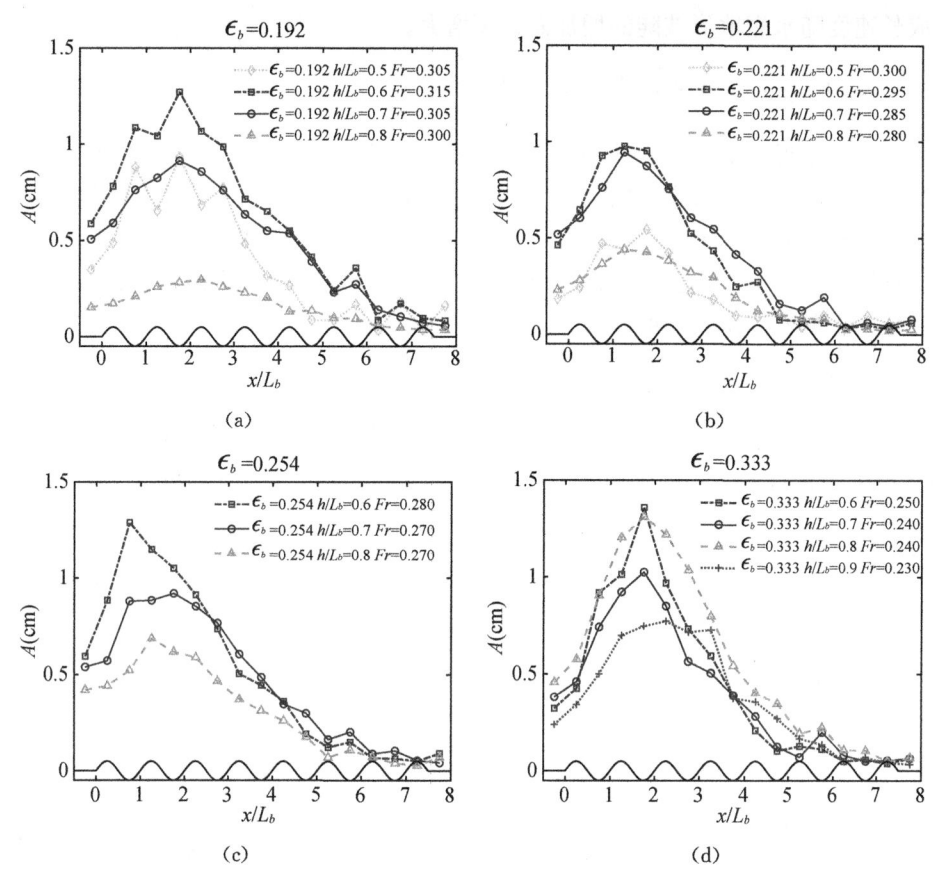

图 3.20　各地形波陡与相对水深条件下产生较强烈逆流行进波的流速组次，其谱峰频率对应的振幅值在水底正弦地形上部的空间分布

地形波陡 0.221 情况下的波幅空间分布特征，如图 3.20(b)所示，与图 3.20(a)中的波幅空间分布特征一致，波幅在正弦地形上部从下游向上游方向呈现先增加后减小的趋势；其中，在相对水深 0.6～0.7 的组次中，波幅空间分布的变化特征更加显著，特别是振幅在地形下游一侧向上游方向的增大过程十分迅速；而相对水深在 0.5 与 0.9 的组次中，由于逆流行进波波幅值的降低，波幅空间变化特征相比更加平缓。

地形波陡 0.254 与 0.333 情况下的波幅空间分布分别如图 3.20(c)(d)所示，虽然振幅值在正弦地形上部向上游方向的变化趋势仍然类似，但振幅的空间增长速度明显高于地形波陡 0.192 与 0.221 实验组次中的情况。

总的来说，逆流行进波成分的波幅在正弦地形上部的空间分布特征表明：地形上部的波形振幅向上游方向呈现先增大后减小的趋势，振幅从地形下游端向上游方向持续增大至 2#～3# 正弦地形位置，其后波幅向上游方向降低；此外，对于逆流行进波成分在正弦地形上部空间沿逆流方向增长的部分，其振幅空间成长速度随水底地形波陡的增加而显著增大。

3.3.3 地形上部波长的空间分布特征

虽然地形上部的水面波动频率在空间分布上保持一致,但相应的频散关系由于水底不平整地形带来的水深与流速的空间不均匀分布而变得十分复杂,所以需要对正弦地形上部的波长分布特征进行了解。本节同样基于3.3.2小节中所选取的实验组次,通过地形上部相邻测点的波面时序列计算相关系数,从而推算地形上部不同位置处的波长值。

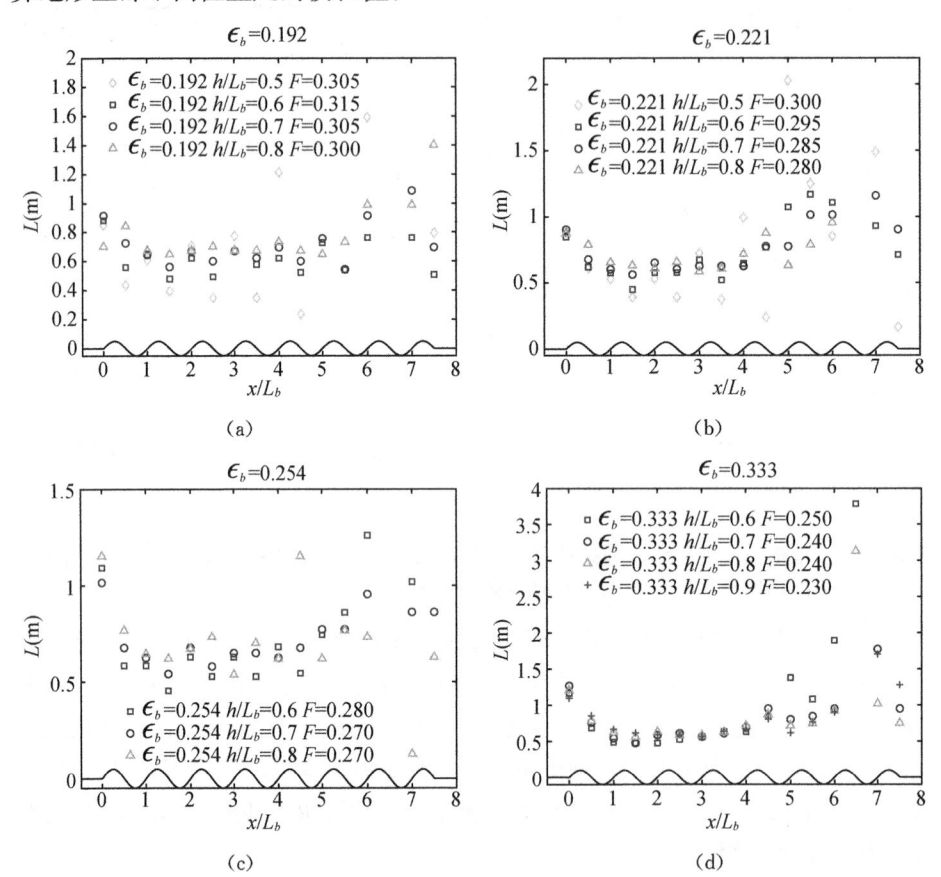

图 3.21 各地形波陡与相对水深条件下产生较强烈逆流行进波的流速组次,通过相关系数计算的波长值在水底正弦起伏地形上部的空间分布

通过图3.21中不同地形波陡条件下正弦地形上部的波长空间分布可知,对正弦地形上部的波长,除了地形上游端第一个地形波峰位置附近的波长值与地形上游侧的波长值接近,正弦地形段上部的中间区域(该区域逆流行进波的波幅沿逆流方向明显成长)的波长值明显小于地形上游侧的波长值;而在正弦地形上部的下游侧区域,波长值所出现的增大主要是由于该区域的逆流行进波波幅较

小,其他频率的波成分会影响到相关系数的计算所致。以上波长的空间分布特征从侧面说明正弦地形上部的实际流速大于地形上游侧的流速条件。

3.4 波形的存在范围及其对比分析

根据恒定水流经过水底正弦地形所产生水面稳形波的临界流速条件 U_{CS}(式 1.2);如果令 m_b($m_b = k_b h$)作为无因次水底地形波数,并用弗劳德数 F 表征流速条件,则稳形波的临界弗劳德数 F_{CS} 与无因次地形波数 m_b 的关系式为,

$$F_{CS} = \sqrt{\frac{\tanh m_b}{m_b}} \tag{3.1}$$

在相对水深 0.5～1.0 的水深条件下,对于固定的地形波数值 k_b,相应的无因次地形波数值 m_b 在 π～2π 的范围内,其对应的临界弗劳德数以及各相对水深条件下产生逆流行进波的流速范围(基于波面时序列的谱峰频率所识别)详见表 3.4。

表 3.4 水槽实验中各相对水深条件的稳形波临界流速条件及实测逆流行进波产生范围

相对水深 h/L_b	无因次地形波数 $m_b = k_b h$	稳形波的临界弗劳德数 F_{CS}	本书实验识别逆流行进波的范围 F_{exp}
0.5	3.14	0.563 1	0.25～0.335
0.6	3.77	0.514 8	0.20～0.335
0.7	4.40	0.476 8	0.22～0.32
0.8	5.03	0.446 0	0.22～0.315
0.9	5.65	0.420 5	0.22～0.27
1.0	6.28	0.398 9	0.22

对本书水槽实验中产生逆流行进波的条件,如表 3.4 所示,可以明显看出各相对水深条件下产生逆流行进波的弗劳德数范围均明显小于稳形波的临界弗劳德数,所以逆流行进波均产生于亚临界流速条件下(流速低于稳形波临界流速条件),且波形产生范围内的弗劳德数远小于 1。

基于本书水槽实验所获得的逆流行进波的明确产生范围,与前人水槽实验(Kyotoh & Fukushima)中通过观察得到的波形存在范围[58]进行对比,如图 3.22 所示;图中的横坐标为无因次地形波数,纵坐标为弗劳德数,黑色加粗的流速分界线为横坐标中各无因次地形波数所对应的稳形波临界弗劳德数 F_{CS},空心圆的标注表示 Kyotoh 试验中观察到的逆流行进波的条件,空心三角的标注

表示 Kyotoh 试验中未观察到逆流进行波的条件,其余标注表示本书水槽实验中各地形波陡条件下的逆流行进波产生范围。

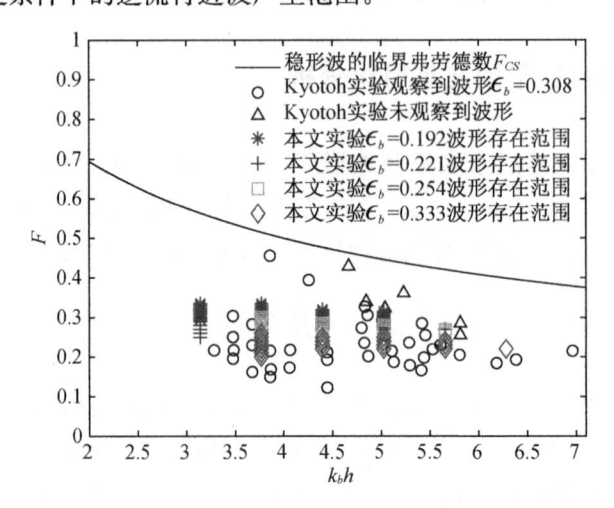

图 3.22　本书水槽实验明确的逆流行进波存在范围与前人实验结果的对比

图 3.22 表明,与前人在小尺寸水槽实验中仅通过肉眼定性观察并识别水面的逆流行进波成分而得到的波形存在范围相比,本书所开展的系列水槽实验能够获得更加明确的逆流进行波产生范围,包括波形开始产生的低流速条件与波形消失的高流速条件边界,相比而言,前人对波形产生范围的观察与甄别结果显得十分杂乱。所以从本书的水槽实验测量可以发现波形产生的流速条件具有明显的区间特征,低于或高于该流速区间范围的水面均不会出现逆流行进波成分,且波形产生的流速区间边界也可以明确得到。此外,各地形波陡条件下产生逆流行进波的流速范围随相对水深的增加而逐渐减小。

3.5　本章小结

本章通过对逆流行进波现象的水槽系列实验测量结果的分析,明确了波形在特定流速范围内激发出现以及波形产生对流速变化的敏感性特征,对比了正弦地形上游与下游侧在逆流行进波产生时的水面波动特点;定量分析地形上游侧的逆流行进波振幅、周期与波长随流速、水深与地形波陡的变化规律;并分析波形产生条件下的振幅、周期与波长在正弦地形上部的空间分布特征,归纳水槽实验中波形的存在范围,同时探讨逆流行进波激发时水底正弦地形上部流场的动力学特征。主要得到以下结论:

(1) 逆流行进波在水槽实验的波陡范围内(0.192～0.333)均可以产生,但不同波陡条件下可以激发出波形的相对水深范围不尽相同,地形波陡越大,波形激发的水深范围越大,且能够引发波形的最大相对水深值越大。

(2) 在能够引发逆流行进波的地形波陡与相对水深条件下,波形仅在特定流速范围内激发出现,并且逆流行进波的产生及激发强度对流速变化十分敏感,其波幅随流速变化呈现明显的单峰分布特征。

(3) 逆流行进波在激发时,其波成分仅出现在水底正弦地形上部及其上游侧,这些区域内测点位置处的水面波动能量均集中于特定频率,相应的水面波动也表现出明显的规则波动特征,与此同时,正弦地形下游侧在该频率处并未发现明显的波能集中。

(4) 逆流行进波激发的流速条件范围均低于正弦地形上部的水面稳形波临界流速条件,并且该临界流速条件所对应的弗劳德数小于1。

(5) 在逆流行进波产生的情况下,其振幅在水底正弦地形上部从下游端向上游方向存在明显的沿程增长区域,该区域内的波幅空间增长十分迅速,呈现显著的非线性成长特征。

第四章
基于共振条件分析的逆流行进波产生机制研究

通过上一章水槽实验的观测结果表明,具有特定频率与规则波形的逆流行进波激发现象仅存在于较小的流速范围,且对流速变化十分敏感,其波形的产生具有较明显的共振作用特征。

共振作为典型的物理学现象,在满足相应共振条件的情况下,通过引发剧烈的能量传递,使得接受能量对象的运动与动力特征发生显著改变;对于水波成分之间的相互作用,其中接受能量的对象便是特定频率与波数条件的水面波成分。此外,共振作用的另一个明显特点就是共振现象对产生条件的敏感程度,在精确的共振条件下,相应的共振现象十分显著且剧烈,而一旦条件略微偏离精确共振条件,共振强度便迅速减弱直至消失,所对应的特征也随之发生明显改变,这与本书水槽实验的观测结果十分类似。

本章将从波波共振相互作用的角度进一步考虑水流和正弦地形存在情况下的三波共振相互作用,分析其中的各类共振组合及存在条件,并基于水槽实验测量的逆流行进波的波要素特征,将正弦地形上游实测的波频率和波数值与三波共振相互作用分析所得到的各共振组合的波要素进行对比,分析波形产生所匹配的三波共振相互作用类型及相应的特征,从实验测量结果的角度验证理论分析中所提出的三波共振相互作用假设,以明确逆流行进波的产生机制。

4.1 基于三波共振相互作用的共振条件分析

波-波共振相互作用作为重要的波浪非线性作用,最初由 Phillips 提出[62],其相互作用的条件为三个或更多波成分的波数与圆频率分别满足如式(4.1)的代数关系式,

$$\begin{cases} \sum_{m=1}^{M} \pm k_m = 0 \\ \sum_{m=1}^{M} \pm \omega_m = 0 \end{cases} \tag{4.1}$$

其中，k_m 与 ω_m 分别为参与共振相互作用波成分的波数与圆频率，M 为正整数且 $M \geqslant 3$，$m = 1, 2, 3, \cdots, M$。

除了满足式(4.1)，参与共振相互作用的各波成分还需要满足相应的频散关系(式 4.2 为无水流情况下的水波频散关系)，

$$\omega_m^2 = g k_m \tanh k_m h \tag{4.2}$$

当以上两个条件(式 4.1 与式 4.2)都被满足时，波-波共振相互作用便会引发，此时波能在参与共振相互作用的波成分之间发生传递；当三个波成分参与共振相互作用时，称其为三波共振相互作用(Triad Resonant Interaction)；当四个波成分参与时，称之为四波共振相互作用(Quartet Resonant Interaction)；以此类推。其中，参与波-波共振相互作用的波成分数量越少(最低为三个)，共振所对应相互作用的量阶数越低，在同样时间与空间尺度上的共振作用越为强烈。所以，对于共振条件的分析首先关注最为主导的三波共振相互作用关系。

对恒定均匀水流经过水底正弦起伏地形的问题，本书同样从波-波共振相互作用的角度研究，在同时考虑自由水面波成分、恒定均匀水流以及水底起伏地形的情况下，波-波共振相互作用条件可以表示如式(4.3)，

$$\begin{cases} \left[\sum_{m=1}^{M} \pm k_m\right] + \left[\sum_{n=1}^{N} \pm k_{bn}\right] = 0 \\ \left[\sum_{m=1}^{M} \pm \omega_m\right] + \left[\sum_{n=1}^{N} \pm \omega_{bn}\right] = 0 \end{cases} \tag{4.3}$$

其中，k_m 与 ω_m 分别为参与共振相互作用的自由表面波成分的波数与圆频率，M 为参与共振相互作用的自由表面波成分数量，M 为正整数且 $M \geqslant 2$，$m = 1, 2, 3, \cdots, M$；k_{bn} 与 ω_{bn} 分别为参与共振相互作用的水底起伏地形波成分的波数与圆频率，如果地形为水底的固定形态，则水底起伏地形各波成分的圆频率均为零($\omega_{bn} = 0$)，N 为参与共振相互作用的水底起伏地形波成分数量，N 为正整数且 $N \geqslant 1$，$n = 1, 2, 3, \cdots, N$。

除了以上参与共振相互作用的各波成分在相应波数与圆频率方面所满足的关系，其中的自由表面波成分还需要满足水流存在情况下的波浪频散关系，其通

过无水流情况下的频散关系基于伽利略变换(静止参照系与随水流匀速运动的平移参照系之间的变换)直接得到波流共存且波浪传播方向与水流方向共线条件下的频散关系,

$$(\omega_m - k_m U)^2 = g k_m \tanh k_m h \tag{4.4}$$

其中,ω_m 为波浪的圆频率($\omega_m = 2\pi/T_m$,T_m 为参与共振相互作用的自由表面波成分的波周期,本书中定义 $\omega_m > 0$),k_m 为波数($k_m = 2\pi/L_m$,L_m 为参与共振相互作用的自由表面波成分的波长),U 为水流流速值(本书中,令 $U \geqslant 0$),h 为水深(在水底起伏地形的位置处,h 为起伏地形上部的平均水深),g 为重力加速度常数(计算中取 9.81 m/s^2)。

4.2 参与三波共振相互作用的波成分特性及其组合

若考虑主导的三波共振相互作用条件,对于恒定水流经过具有单一波数的水底正弦起伏地形的问题,其三波共振相互作用中一个波成分的波数为水底正弦地形的波数 k_b(本书中定义 $k_b > 0$),具有该地形波数的波成分既可以代表水底边界条件的正弦地形,也可以代表恒定均匀水流经过水底正弦地形后在自由水面产生的稳形波成分(其波数与水底地形波数相同),无论是水底固定正弦地形的波成分,还是自由水面的稳形波成分,其频率均为零;其余两个参与三波共振相互作用的波成分为自由水面行进波,这两个水面行进波成分的波数与频率分别为 k_i、k_j 与 ω_i、ω_j,所以具有自由表面的恒定均匀流经过水底单一波数的正弦起伏地形所存在的三波共振相互作用关系可以进一步表述如式(4.5),

$$k_i \pm k_j \pm k_b = 0 \tag{4.5a}$$

$$\omega_i \pm \omega_j = 0 \tag{4.5b}$$

本书定义自由表面行进波成分的圆频率 ω_i 与 ω_j 均为正数,为了满足三波共振相互作用的频率条件,$\omega_i - \omega_j = 0$,说明两个参与三波共振相互作用的行进波成分具有相同的频率,在此令 $\omega_i = \omega_j = \omega$,所以公式 4.5 中的三波共振相互作用关系可以简化表述,如式(4.6)所示,

$$k_i - k_j = \pm k_b \tag{4.6a}$$

$$\omega_i - \omega_j = 0 \tag{4.6b}$$

由于参与三波共振相互作用的两个水面行进波成分具有相同的圆频率,且 $k_b \neq 0$,所以这两个水面行进波成分的波数为同频率条件下均满足波流共存情况下频散关系的两个不同波数解。在波流共存情况的频散关系求解中,给定波

浪圆频率 $\omega(\omega>0)$，水深 h 与水流流速值 $U(U>0)$，通过观察频散关系方程（式 4.4）左右两侧的函数曲线及其交点的数量可知，方程最多存在四个理论波数解（部分流速条件下为两个理论波数解），各波数解在函数曲线中相应的交点如图 4.1 所示。

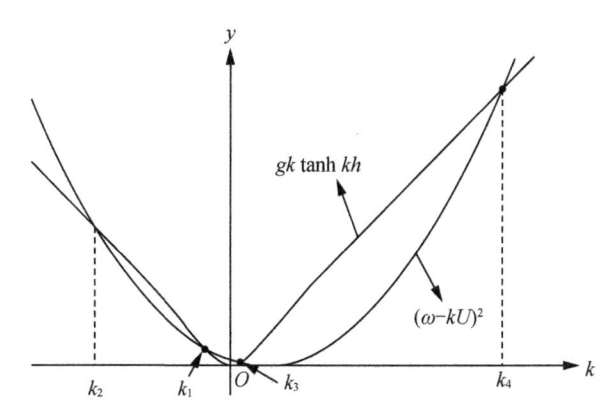

图 4.1　恒定均匀流作用下波浪频散关系的理论波数解示意

其中，波数解 k_1 与 k_2 为负值，波数解 k_3 与 k_4 为正值。波数解的正值表示波的相速度与水流方向一致（波相位顺流传播），负值表示波的相速度与水流方向相反（波相位逆流传播）。

具体来说，对波数为 k_1 的波成分，其波相和波能均逆流传播，

$$\frac{\omega}{k_1}<0, \frac{\omega}{k_1}+U<0 \tag{4.7a}$$

$$\frac{\mathrm{d}\omega}{\mathrm{d}k_1}<0, \frac{\mathrm{d}\omega}{\mathrm{d}k_1}+U\leqslant 0 \tag{4.7b}$$

波数为 k_2 的波成分，波相逆流传播，但波能随水流向下游传播（波能速度小于水流速度），

$$\frac{\omega}{k_2}<0, \frac{\omega}{k_2}+U<0 \tag{4.8a}$$

$$\frac{\mathrm{d}\omega}{\mathrm{d}k_2}<0, \frac{\mathrm{d}\omega}{\mathrm{d}k_2}+U\geqslant 0 \tag{4.8b}$$

波数为 k_3 的波成分，波相和波能都顺流传播（波浪被水流"拉长"的波成分），

$$\frac{\omega}{k_3}>0, \frac{\omega}{k_3}+U\geqslant \frac{\omega}{k_3}>0 \tag{4.9a}$$

$$\frac{\mathrm{d}\omega}{\mathrm{d}k_3} > 0, \frac{\mathrm{d}\omega}{\mathrm{d}k_3} + U \geqslant \frac{\mathrm{d}\omega}{\mathrm{d}k_3} > 0 \qquad (4.9\mathrm{b})$$

波数为 k_4 的波成分，波相和波能都被水流冲到下游（波长非常短的波成分，波相和波能速度均小于水流速度），

$$\frac{\omega}{k_4} > 0, \frac{\omega}{k_4} + U \geqslant \frac{\omega}{k_4} > 0 \qquad (4.10\mathrm{a})$$

$$\frac{\mathrm{d}\omega}{\mathrm{d}k_4} > 0, \frac{\mathrm{d}\omega}{\mathrm{d}k_4} + U \geqslant \frac{\mathrm{d}\omega}{\mathrm{d}k_4} > 0 \qquad (4.10\mathrm{b})$$

基于以上四个波数解，可以发现至多存在六个波数差组合，以满足具有自由表面的恒定均匀流经过水底正弦起伏地形的三波共振相互作用关系。在此，取三波相互作用关系式中波数关系 $k_i - k_j = \pm k_b$ 中的符号为正，则能够满足三波共振相互作用关系 $k_i - k_j = k_b$ 与 $\omega_i = \omega_j$ 的波成分共振组合如下，

$$\text{共振组合(1)}: k_3 - k_1 = k_b \text{ 与 } \omega_3 = \omega_1 \qquad (4.11\mathrm{a})$$

$$\text{共振组合(2)}: k_3 - k_2 = k_b \text{ 与 } \omega_3 = \omega_2 \qquad (4.11\mathrm{b})$$

$$\text{共振组合(3)}: k_4 - k_3 = k_b \text{ 与 } \omega_4 = \omega_3 \qquad (4.11\mathrm{c})$$

$$\text{共振组合(4)}: k_4 - k_2 = k_b \text{ 与 } \omega_4 = \omega_2 \qquad (4.11\mathrm{d})$$

$$\text{共振组合(5)}: k_4 - k_1 = k_b \text{ 与 } \omega_4 = \omega_1 \qquad (4.11\mathrm{e})$$

$$\text{共振组合(6)}: k_1 - k_2 = k_b \text{ 与 } \omega_1 = \omega_2 \qquad (4.11\mathrm{f})$$

具体的波数共振组合情况如图 4.2 所示。

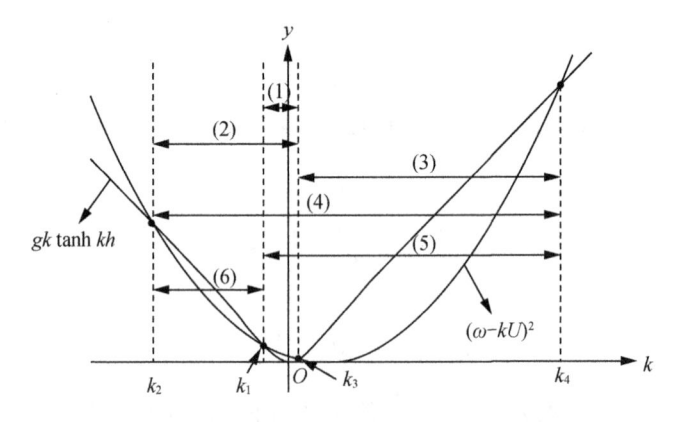

图 4.2 考虑水流与正弦地形的三波共振相互作用中各共振组合的波数情况示意

4.3 三波共振条件组合及其存在域的求解分析

为了明确式(4.11)中六个三波共振相互作用组合的存在范围与参数特征,需要求解同时满足三波共振相互作用条件与波流共存情况下频散关系的方程,为了方便求解并简化变量表达,首先将波流共存情况下的频散关系进行无量纲化,其中水深 h 为空间尺度,时间尺度为 $\sqrt{h/g}$;无量纲波数 $m=kh$,流速以弗劳德数 F 表示($F=U/\sqrt{gh}$),无量纲圆频率 $\tau=\omega\sqrt{h/g}$,无量纲化后的波流共存情况下的频散关系为,

$$(\tau - mF)^2 = m\tanh m \tag{4.12}$$

根据已得到的三波共振相互作用波数关系 $k_i - k_j = k_b$, k_i 可以通过 k_j 表示为 $k_i = k_b + k_j$;令 $k_j h = m$ 且 $k_b h = m_b$ (m_b 为无量纲地形波数),则 $k_i h = k_j h + k_b h = m + m_b$。对于无量纲波数为 $k_j h = m$ 的波成分,其无量纲圆频率 τ_j 为,

$$\tau_j = mF \pm [m\tanh m]^{\frac{1}{2}} \tag{4.13}$$

对于无量纲波数 $k_i h = m + m_b$ 的波成分,其无量纲圆频率 τ_i 为,

$$\tau_i = (m+m_b)F \pm [(m+m_b)\tanh(m+m_b)]^{\frac{1}{2}} \tag{4.14}$$

由于这两个水面自由行进波成分具有相同的圆频率 $\tau_i = \tau_j = \tau$,所以通过所给定的弗劳德数 F,以及水面自由波成分 k_i 与 k_j 的无量纲波数差 m_b(即水底地形的无量纲波数, $m_b = k_b h$),便得到上述无量纲参数与待求解无量纲波数 m 所满足的方程(式4.15),

$$mF \pm [m\tanh m]^{\frac{1}{2}} = (m+m_b)F \pm [(m+m_b)\tanh(m+m_b)]^{\frac{1}{2}} \tag{4.15}$$

通过求解式(4.15)可以计算得到特定弗劳德数 F 与无量纲地形波数 m_b 条件下满足三波共振相互作用的水面自由波成分 k_j 与 k_i 相对应的无量纲波数 m 与 $m+m_b$,以及这两个水面行进波成分的圆频率 τ。从而进一步分析不同的弗劳德数与水底无量纲波数情况下满足三波共振相互作用与波流共存频散关系的波成分特征。

通过研究式(4.15)中等式两侧曲线的交点特征,可以归纳发现在给定弗劳德数 F 与无量纲地形波数 m_b 的情况下,最多存在两组同时满足三波共振相互作用与波流共存频散关系的波数成分解[46,51]。通过对参数范围内共振解的计算,根据共振解波数值随参数变化的连续性特征,将六个共振组合分为两类解,其中第一类解包含三波共振相互作用组合(1)、(2)、(3),第二类解包含三波共振相互

作用组合(4)、(5)、(6);虽然前人[46,51]在对起伏地形上部的三波共振相互作用条件研究中提出了这两类解的分类概念,但目前对这两类解中六个共振组合的存在范围以及各组合存在域内的波要素特征还缺乏明确的结论与细致分析。

经过数值试算与归纳,并通过理论分析得到两类共振组合在不同弗劳德数 F 与无量纲地形波数 m_b 的条件下,其中各共振组合相应的存在范围,如图4.3所示;其中图4.3(a)为第一类解中三波共振组合(1)、(2)、(3)的存在范围,图4.3(b)为第二类解的存在域以及其中三波共振组合(4)、(5)、(6)的存在范围。

通过图4.3可以看出,对第一类满足三波共振相互作用条件与波流共存频散关系的波数解,总体上来说,随着弗劳德数 F 与水底无量纲波数 m_b 的增大,三波共振作用的波数条件从共振组合(1)变化至组合(2),再由组合(2)变为组合(3),无论弗劳德数 F 与水底无量纲波数 m_b 为何量值,第一类共振波数解始终存在。此外,当弗劳德数大于等于1时,所存在的第一类解仅为组合(3),这是因为组合(3)所包含的 k_3 与 k_4 的波成分解,均沿着水流方向顺流传播,所以在任何波成分无法向上游逆流传播的流速条件下,仅存在共振组合(3)的波数解。

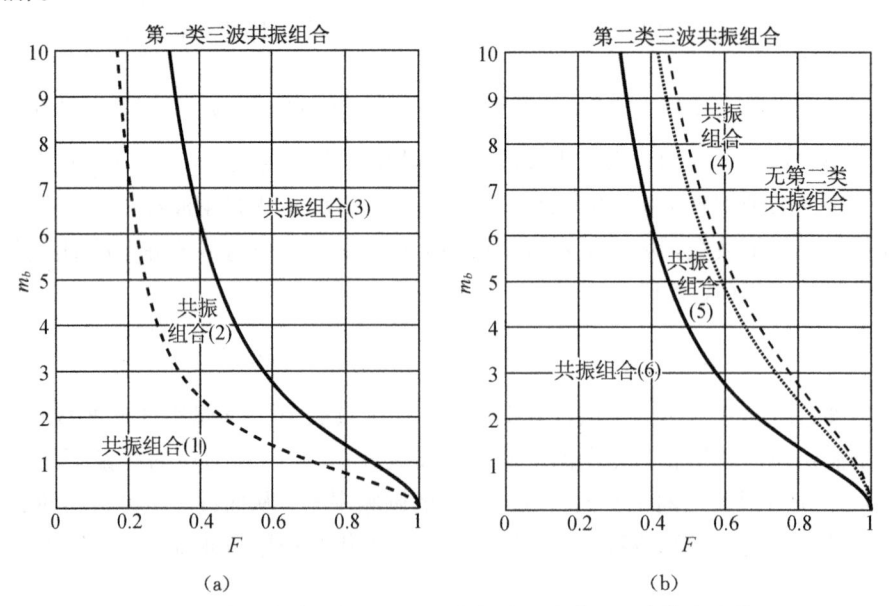

图4.3 两类三波共振相互作用组合解中六个共振组合的存在范围

对第二类满足三波共振相互作用条件与波流共存频散关系的波数解,从总体上来看,随着弗劳德数 F 与水底无量纲波数 m_b 的增大,三波共振作用的波数条件从共振组合(6)变化至组合(5),再由组合(5)变为组合(4),直至第二类波数解的组合(4)消失;所以第二类波数解并不是始终存在,仅在部分弗劳德数与水底无量纲波数条件下存在,并且当弗劳德数大于等于 1 时,不存在第二类波数组合解。

对于第一类与第二类解中不同三波共振作用组合存在范围的边界条件,第一类解中共振组合(2)和组合(3)的存在范围边界与第二类解中共振组合(6)和组合(5)的存在范围边界一致,该边界对应于恒定均匀流经过水底正弦起伏地形所产生稳形波线性解的奇异点(即稳形波的临界流速条件 U_{cs}),该条件下的流速 $U_{cs} = \sqrt{g\tanh k_b h / k_b}$,其边界处经过无量纲化后所得到的弗劳德数 F 与水底无量纲地形波数 m_b 的关系式为(同公式 3.1),

$$F = \sqrt{\frac{\tanh m_b}{m_b}} \qquad (4.16)$$

对于第二类解中波数组合(4)的存在范围消失的边界条件(即图 4.3b 中共振组合 4 与无第二类共振组合之间的边界),该边界上满足共振相互作用的两个水面自由行进波成分的无量纲波数绝对值相同但符号相异,并且两个波成分的无量纲频率 τ 均为零[51]。所以波数组合(4)中 $k_4 - k_2 = k_b$ 且 $|k_4| = |k_2|$,故 $k_4 = k_b/2$,$k_2 = -k_b/2$,再利用无量纲频率 $\tau = mF \pm [m\tanh m]^{\frac{1}{2}} = \frac{m_b}{2}F - \left[\frac{m_b}{2}\tanh\frac{m_b}{2}\right]^{\frac{1}{2}} = 0$ 的条件,可得到该边界处弗劳德数 F 与水底无量纲波数 m_b 的关系式为,

$$F = \sqrt{\frac{\tanh \frac{m_b}{2}}{\frac{m_b}{2}}} \qquad (4.17)$$

对于第一类解中共振组合(1)和组合(2)的存在范围之间的边界,该边界上的波数组合从 $k_3 - k_1 = k_b$ 变为 $k_3 - k_2 = k_b$,所以此边界对应于波数解 k_1 与 k_2 相一致的情况(即该频率波成分向上游传播的临界条件,该条件下 k_1 与 k_2 波成分在水流中的波能速度为零,波流共存频散关系中等式左右两侧的曲线 $\tau-mF$ 与 $\sqrt{m\tanh m}$ 相切)。因此可以得出求解该边界条件下弗劳德数 F 与水底无量纲波数 m_b 关系式的方程组,

$$\begin{cases} \sqrt{m\tanh m} + mF = \sqrt{(m+m_b)\tanh(m+m_b)} + (m+m_b)F \\ F = -\frac{1}{2\sqrt{m\tanh m}}[\tanh m + m(1-\tanh^2 m)] \end{cases} \qquad (4.18)$$

当给定无量纲地形波数 m_b 与弗劳德数 F 之中的任意一个变量值,便可以通过数值计算出另一个变量的值,以及对应的无量纲波数与频率。

类似于第一类解中共振组合(1)和组合(2)的存在范围之间的边界,对于第二类解中共振组合(5)和组合(4)的存在范围之间的边界,该边界上的波数组合从 $k_4-k_1=k_b$ 变为 $k_4-k_2=k_b$,所以此边界仍然对应于波数解 k_1 与 k_2 相一致的情况。因此同样可以得出求解该边界条件下弗劳德数 F 与无量纲地形波数 m_b 关系式的方程组,

$$\begin{cases} \sqrt{m\tanh m}+mF=-\sqrt{(m+m_b)\tanh(m+m_b)}+(m+m_b)F \\ F=-\dfrac{1}{2\sqrt{m\tanh m}}[\tanh m+m(1-\tanh^2 m)] \end{cases} \quad (4.19)$$

同样当给定水底无量纲波数 m_b 与弗劳德数 F 之中的任意一个变量值,便能够通过数值计算出另一个变量值,以及相应的无量纲波数与频率。

在计算得到不同弗劳德数与水底无量纲波数条件下满足三波共振相互作用条件与波流共存频散关系的第一类与第二类波数共振解的存在范围基础上,图 4.4 与 4.5 给出了不同的水底无量纲波数 m_b(m_b 分别为 3.0,6.0,9.0),第一类与第二类的三波共振条件解的无量纲波数值($m_i=k_ih$)与无量纲频率 τ 随弗劳德数 F 的变化曲线。

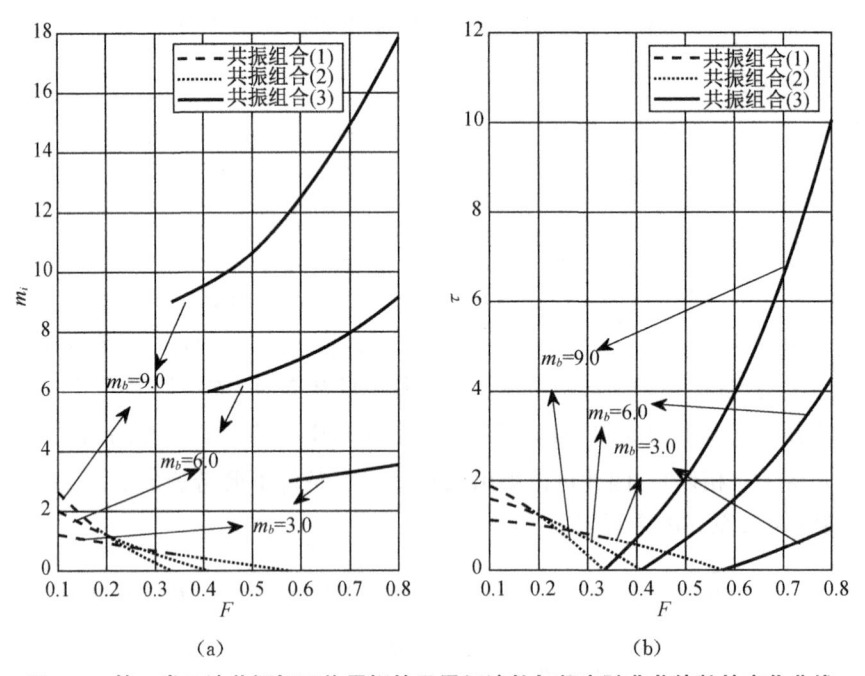

图 4.4 第一类三波共振相互作用解的无量纲波数与频率随弗劳德数的变化曲线

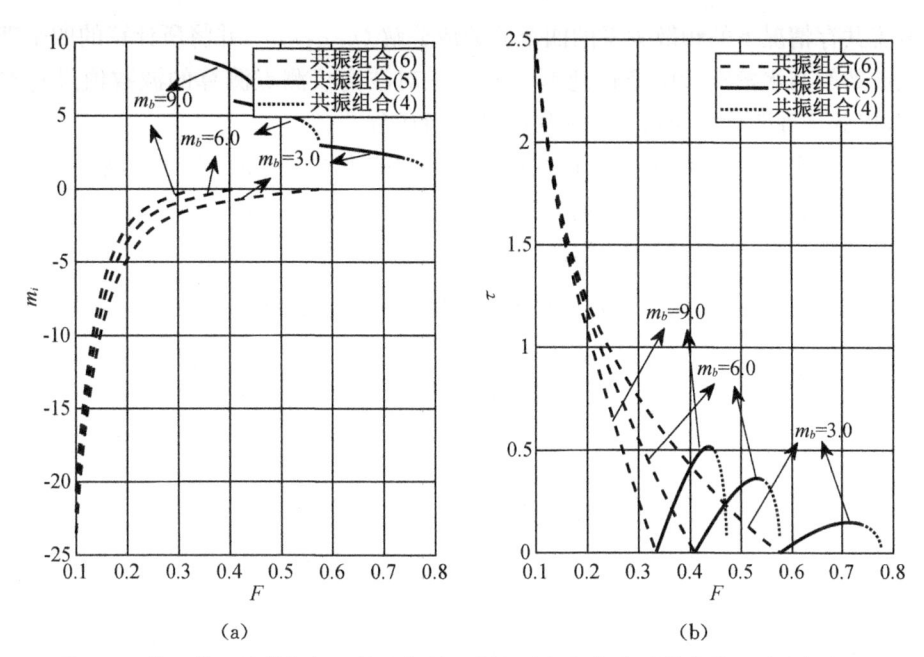

图 4.5　第二类三波共振相互作用解的无量纲波数与频率随弗劳德数的变化曲线

4.4　基于水槽实测波成分的频散关系验证

对于特定水流与地形条件下在水底正弦地形上游侧持续出现的逆流行进波，如 4.1 节所述，其波要素需要满足波流共存情况下的水波频散关系，

$$(\omega - kU)^2 = gk\tanh kh \tag{4.20}$$

式(4.20)中，对于水槽实验中在正弦地形上游侧传播的逆流行进波波形，水深 h 为地形上游处的水深(该水深值也等同于水底正弦地形段的平均水深)，流速 U ($U>0$) 表示正弦地形上游侧位置的断面平均流速(该流速值也等同于正弦地形段上部基于平均水深的断面平均流速)，k 与 ω 分别为波形在地形上游处的波数与频率；由于此处流速 U 取正值，而逆流行进波的波相位向上游方向逆流传播，所以逆流行进波相应的波数 k 在此表示为负值。

如 4.2 节所述，在波流共存的情况下，对于特定的波浪圆频率，共存在四个理论波数解，其分别代表该频率在水流中具有不同传播特性的波成分；为了明确逆流行进波的波成分所属的波数成分类别，本小节将选取水槽实验中可识别出逆流行进波的频率与波长的实验组次，将这些实验组次中的地形上游处水深 h 及其相应的断面平均流速 U，以及实测的逆流行进波频率 ω 代入波流共存情况下的频散关系(式 4.20)，计算得到满足相应水深、流速与实测波频率条件以及波流共存情况下的频散关系的四个波数成分解($k_1 \sim k_4$),并将所计算的四个理论波数解与水槽实验中通过地形上游侧三对波高仪测点测算的波数值进行对比,以验证并明确逆流行进波所属的波数解成分。

由于实验组次较多,在此选取正弦地形波陡为 $\epsilon_b = 0.192$(地形波高 $H_b = 4.6$ cm)的实验条件,对其中通过正弦地形上游侧测点(U1~U6)可识别出逆流行进波的频率与波数的实验组次,列于表4.1。

表4.1 地形波陡为0.192的水槽实验组次中可识别波频率与波数的流速组次

相对水深 h/L_b	可识别波频率的 弗劳德数 F 范围	可识别波数的 弗劳德数 F 范围
0.5	0.295~0.335	0.300~0.330
0.6	0.305~0.335	0.305~0.330
0.7	0.285~0.320	0.295~0.320
0.8	0.290~0.315	0.300~0.310

对于表4.1中可识别波频率的各实验组次,将其中基于实测波频率所满足的频散关系计算得到的四个波数解,与相应实验组次中在正弦地形上游侧实测的波数值进行对比,通过图4.6~4.9中对正弦地形波陡 $\epsilon_b = 0.192$,相对水深0.5~0.8的条件分别进行表示。

从图4.6~4.9中的比较可以发现,在水底地形波陡0.192、相对水深0.5~0.8的条件下,水槽实验中正弦地形上游侧测点所测量的逆流行进波波形明确属于波数为 k_1 的波成分,并且在正弦上游侧位置所测量的频率与波数值满足地形上游侧水深及相应断面平均流速条件下的频散关系。

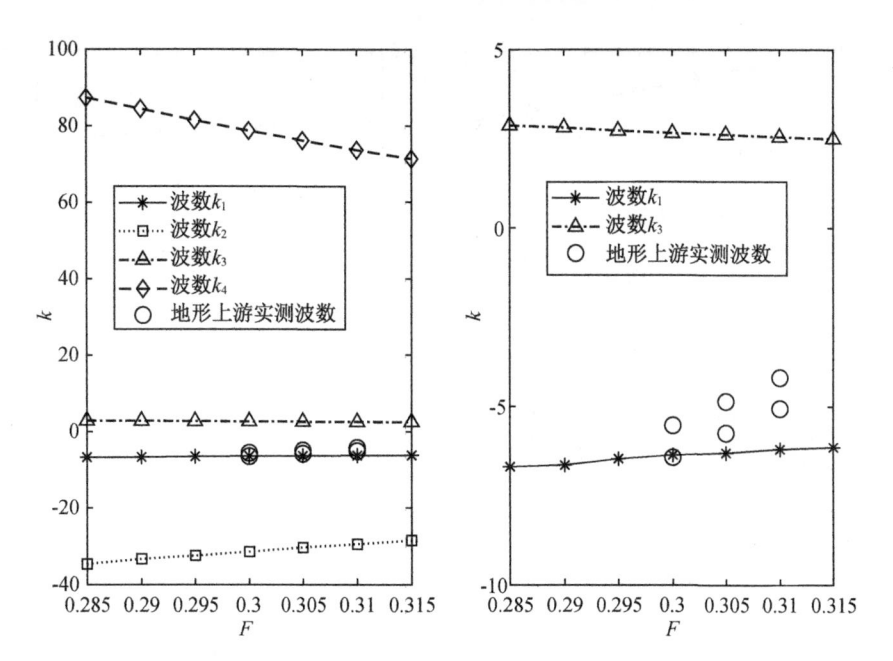

图 4.6　基于实测频率和频散关系计算的各波数成分解与逆流行进波实测波数值的对比
（地形波陡 0.192、相对水深 0.8）

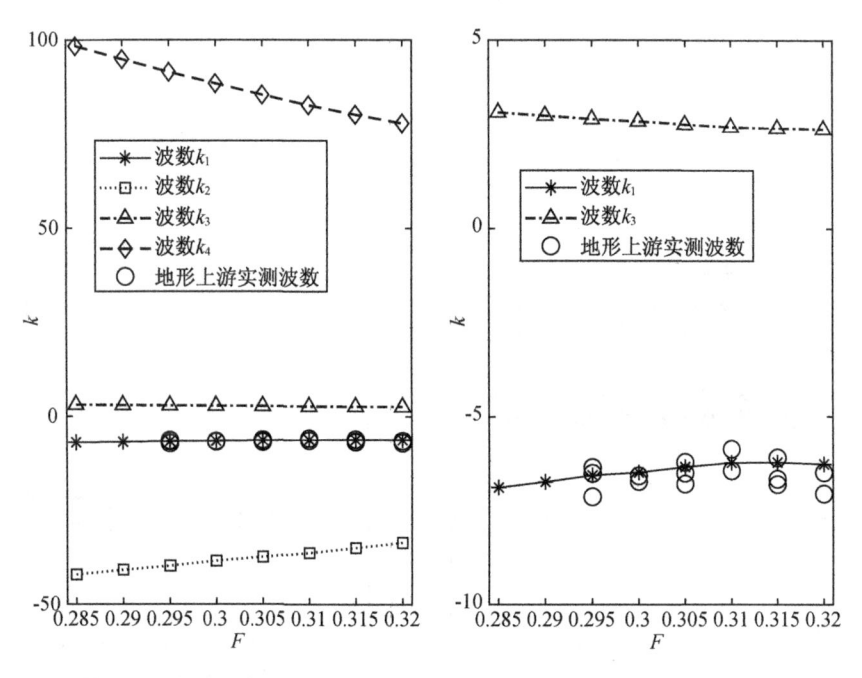

图 4.7　基于实测频率和频散关系计算的各波数成分解与逆流行进波实测波数值的对比
（地形波陡 0.192、相对水深 0.7）

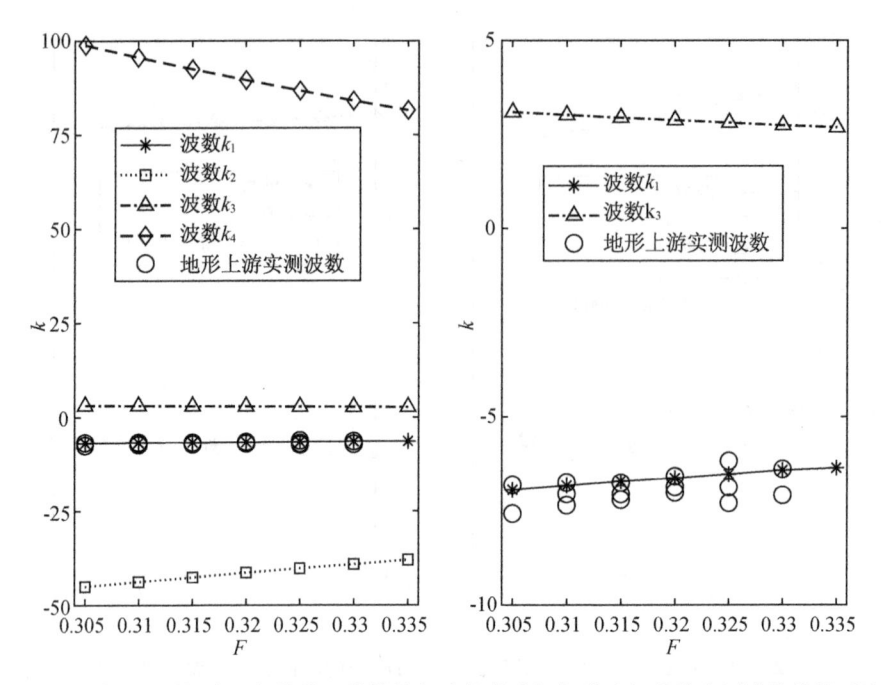

图 4.8 基于实测频率和频散关系计算的各波数成分解与逆流行进波实测波数值的对比（地形波陡 0.192、相对水深 0.6）

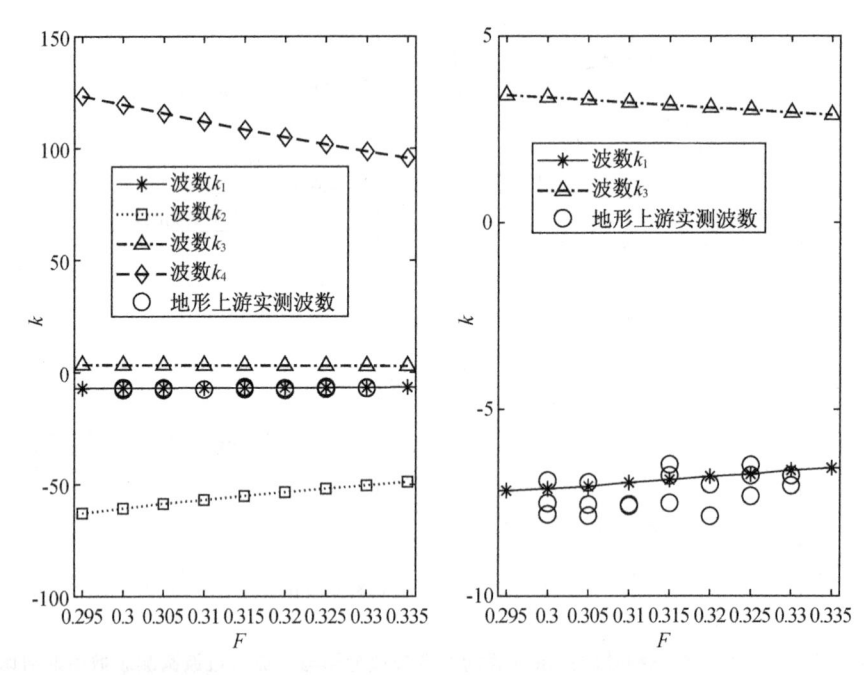

图 4.9 基于实测频率和频散关系计算的各波数成分解与逆流行进波实测波数值的对比（地形波陡 0.192、相对水深 0.5）

4.5 基于水槽实测波要素的三波共振相互作用组合类别分析

通过 4.4 节基于实测频率和波数值与理论频散关系的比较，明确了逆流行进波所属的 k_1 波成分；本小节将进一步计算特定水深与地形条件范围内满足理论三波共振相互作用条件与频散关系的各三波共振相互作用组合的特征，在各共振组合产生范围的基础上，计算其中共振波成分的理论波数与频率值，及其随流速的变化特征；并与水槽实验中在正弦地形上游侧实测的波数与频率进行对比。从而探讨逆流行进波的产生条件与各三波共振作用组合存在范围之间的关系，分析逆流行进波的波要素与各三波共振作用组合中共振波成分理论波要素之间的关联，以明确逆流行进波产生所属的三波共振相互作用组合类型。

（Ⅰ）首先从波形的产生条件层面，对水槽实验中各水底地形波陡条件的实验组次，将其中在不同相对水深条件下可识别出逆流行进波谱峰周期的弗劳德数值标注于各三波共振组合的存在范围中，如图 4.10 所示。

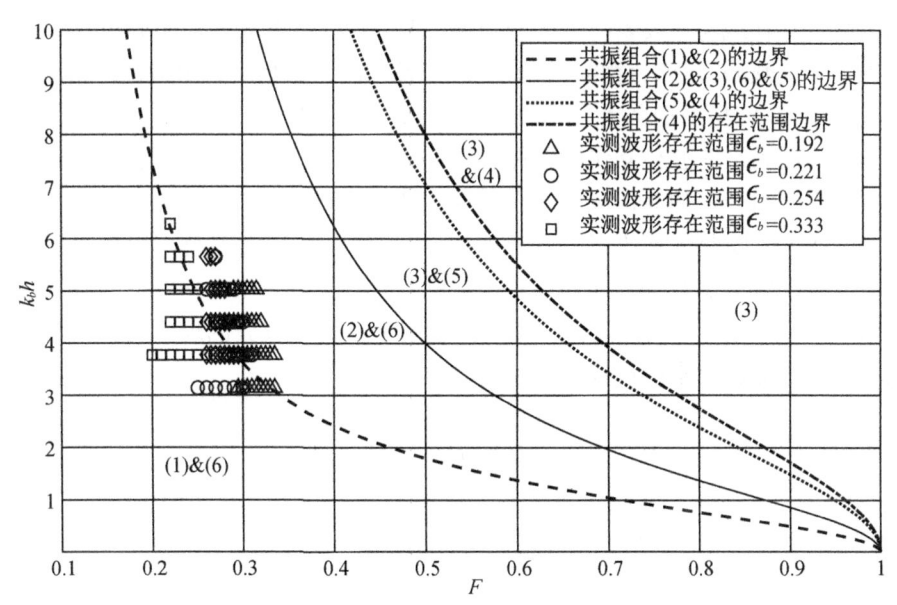

图 4.10 水槽实验中的波形产生范围与各类三波共振相互作用组合条件的对比

图 4.10 中的双划线为第一类三波共振相互作用中组合(1)与组合(2)的边界；实线为第一类三波共振相互作用中组合(2)与组合(3)的边界，同时也是第二类三波共振相互作用中组合(6)与组合(5)的边界；虚线为第二类三波共振相互作用中组合(5)与组合(4)的边界；点划线为第二类三波共振相互作用中组合(4)存在范围的边界。三角形、圆形、菱形与正方形标志分别表示水底地形波陡

0.192、0.221、0.254、0.333条件下的水槽实验实测波形存在范围。从图4.10中可以看出,波形的产生条件均在第二类三波共振相互作用条件中组合(6)的理论存在范围内,也同时在第一类三波共振相互作用条件中组合(1)与组合(2)的理论存在范围内。其中,共振组合(6)的波数共振关系$k_1-k_2=k_b$中包含k_1波成分,组合(1)的波数共振关系$k_3-k_1=k_b$中也包含k_1波成分;为了明确逆流行进波的产生所对应的三波共振相互作用类型及具体条件,需要进一步通过实验的波要素测量结果与基于三波共振相互作用条件的理论波要素特征进行细致比较。

(Ⅱ) 从具体的波要素对比层面,将各三波共振组合中参与共振相互作用的水面共振波成分的理论波数与频率值随流速的变化曲线,同水槽实验中在正弦地形上游侧实测的逆流行进波波数与频率值进行对比。

在此选择地形波陡$\epsilon_b=0.192$,相对水深在0.8、0.7、0.6与0.5条件下的实验组次进行分析,根据各相对水深条件下的无量纲地形波数值$m_b(m_b=k_bh)$以及其中不同流速条件所对应的弗劳德数F,基于4.3节对各三波共振相互作用组合的存在域与波要素特征的分析,通过式(4.15)求解上述实验组次中各无量纲地形波数m_b与弗劳德数F的条件下,各三波共振相互作用组合的水面共振波成分k_j与k_i所对应的无量纲波数m与$m+m_b$(即m_j与m_i),及其无量纲频率τ。绘制满足三波相互作用条件($m_i-m_j=m_b$,$\tau_i=\tau_j=\tau$)的情况下,各三波共振作用组合中的共振波成分在其存在域内的无量纲波数值(m_i与m_j)和无量纲频率(τ)随弗劳德数F的变化曲线,并与相应水槽实验组次中在正弦地形上游实测的波数和频率值进行对比,如图4.11~4.14所示,分别为相对水深在0.8、0.7、0.6与0.5条件下各三波共振组合中共振波成分的理论无量纲波数和频率值与实测波要素的比较。

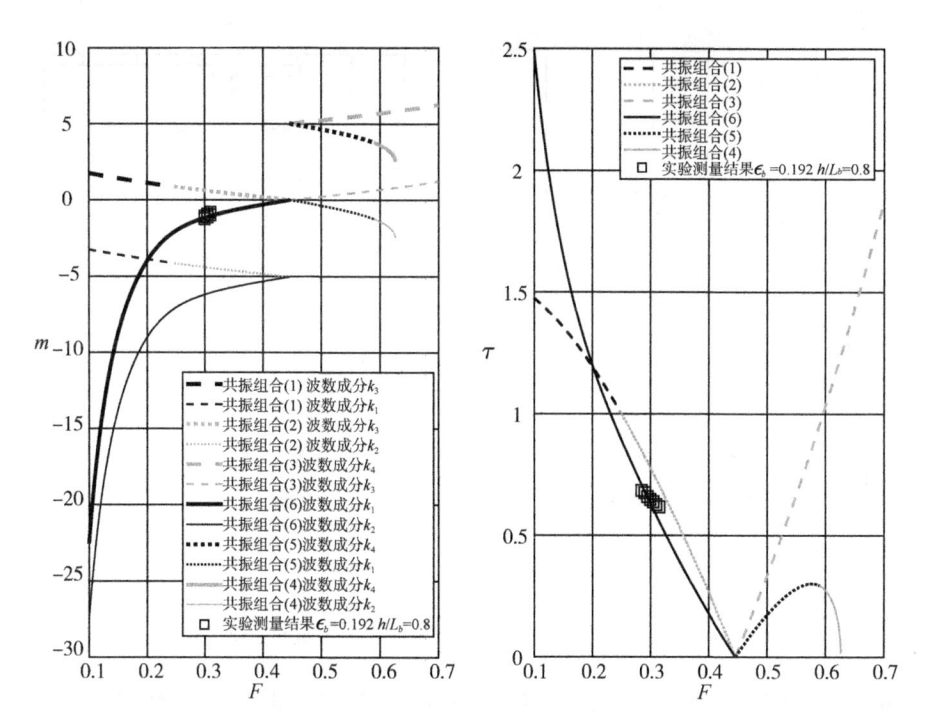

图 4.11　各三波共振相互组合的无量纲波数和无量纲频率变化曲线与水槽实验实测波要素的对比(地形波陡 0.192、相对水深 0.8)

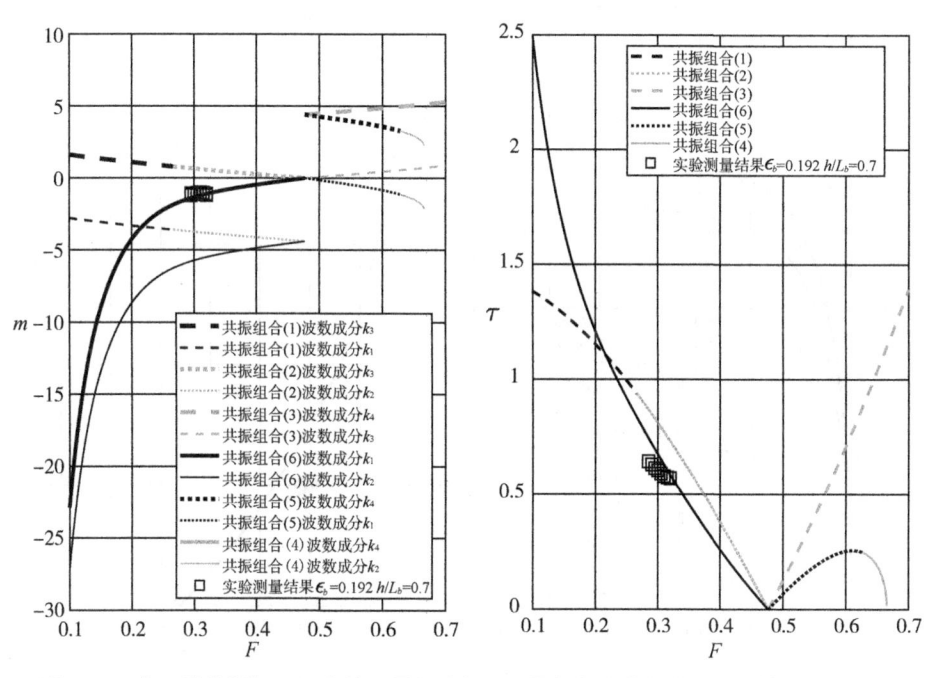

图 4.12　各三波共振相互组合的无量纲波数和无量纲频率变化曲线与水槽实验实测波要素的对比(地形波陡 0.192、相对水深 0.7)

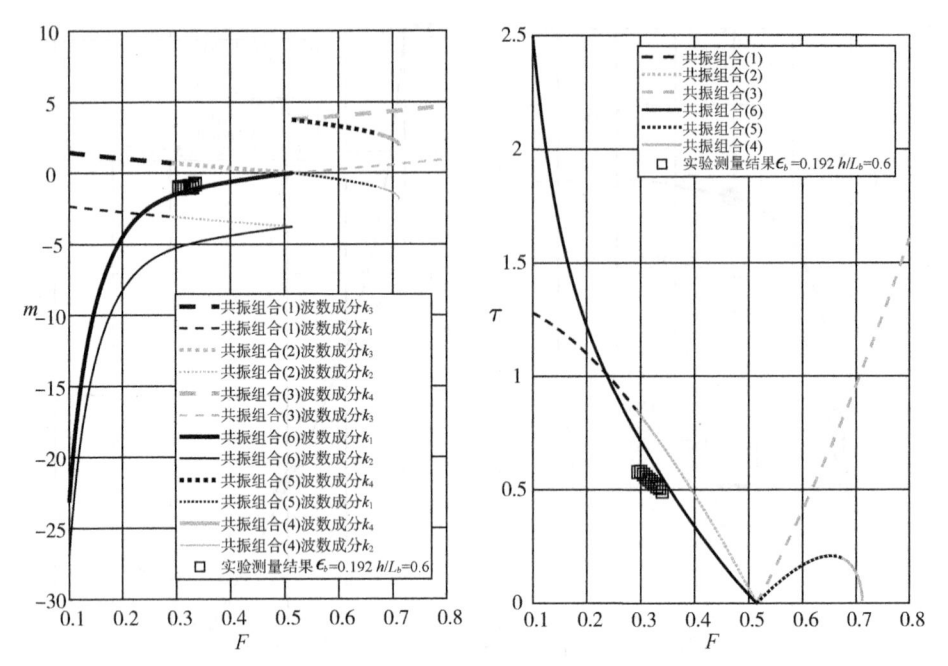

图 4.13 各三波共振相互组合的无量纲波数和无量纲频率变化曲线与水槽实验实测波要素的对比（地形波陡 0.192、相对水深 0.6）

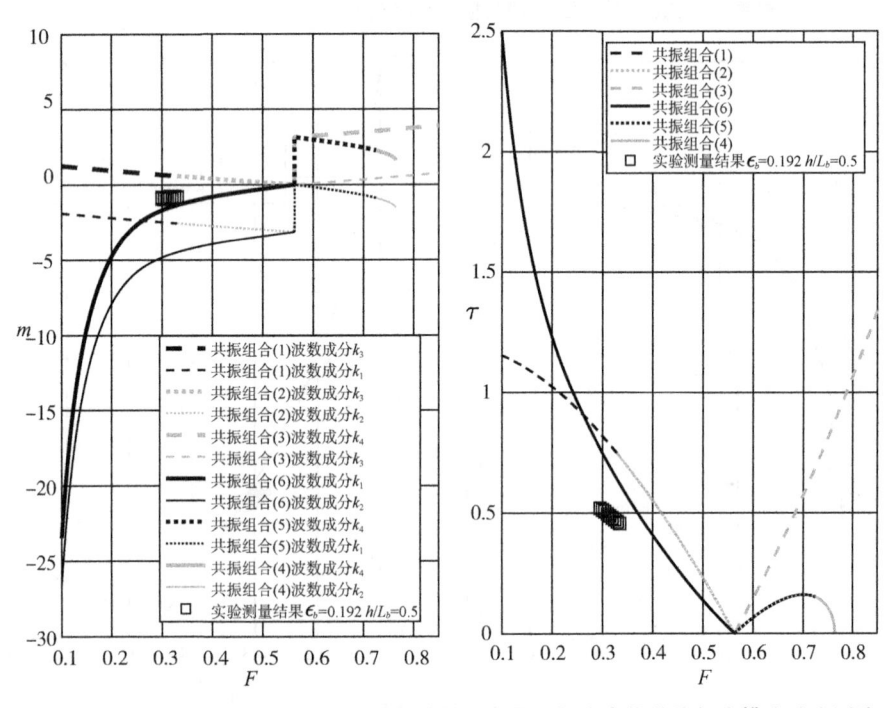

图 4.14 各三波共振相互组合的无量纲波数和无量纲频率变化曲线与水槽实验实测波要素的对比（地形波陡 0.192、相对水深 0.5）

图 4.11~图 4.14 中,对于地形波陡为 0.192 的情况,在实测波形所产生的流速范围内包含满足三波共振相互作用条件的第一类共振解中组合(2)的波数解 k_2 与 k_3($k_3 - k_2 = k_b$)、第二类共振解中组合(6)的波数解 k_1 与 k_2($k_1 - k_2 = k_b$)以及第一类共振解中组合(1)的波数解 k_1 与 k_3($k_3 - k_1 = k_b$)。其中,第一类共振解中组合(2)的 k_3 与 k_2 波成分的无量纲波数、第二类共振解中组合(6)的 k_1 与 k_2 波成分的无量纲波数以及第一类共振解中组合(1)的 k_3 与 k_1 波成分的无量纲波数,其随弗劳德数的变化曲线在图 4.11~图 4.14 的左侧分别用灰色粗点线、灰色细点线、黑色粗实线、黑色细实线、黑色粗虚线与黑色细虚线表示;此外,共振组合(2)、组合(6)与组合(1)的无量纲频率随弗劳德数的变化曲线在图 4.11~4.14 的右侧分别用灰色点线、黑色实线与黑色虚线表示。

逆流行进波在水底正弦地形上游侧实测的无量纲波数与频率值在图 4.11~4.14 中通过黑色方框表示,将水槽实验实测的波要素与各三波共振组合中共振波成分的理论波要素随流速变化曲线进行对比,可以明确的观察到逆流行进波属于第二类三波共振相互作用条件的共振组合(6)的 k_1 波成分。

在此需要说明的是,虽然在相对水深 0.5 的实验组次条件下,实验实测的无量纲波数与频率值所对应的流速条件要低于理论三波共振组合(6)中同量值的波要素所对应的流速条件,但这主要是由于在水底正弦起伏地形的振幅与水深比值较大的情况下,正弦地形上部的水波频散关系受到正弦地形边界条件较强的非线性影响所产生的频散关系偏移,在水波的布拉格共振(Bragg resonance)现象中观测到此类频散关系偏移情况,其也被称为起伏地形所导致的共振主频下移现象[75,76]。而在本书的实验情况中,频散关系的偏移不仅受到水底正弦地形的非线性作用,还受到水流的影响,使得实际的频散关系变化特征更加复杂,现阶段还没有相应的定量解析结果。虽然在地形波陡 0.192,相对水深 0.5 的实验组次出现了波要素在频散关系匹配条件上的偏移,但随着地形振幅与水深比值的降低(相对水深从 0.6 增大至 0.8),水底正弦地形边界的非线性影响也随之降低,实测逆流行进波的波数和频率与理论三波共振组合(6)的波要素之间的偏差也显著减小,在地形波陡 0.192、相对水深 0.8 的实验组次,实测波要素与共振组合(6)的理论波要素呈现很好的匹配关系。

所以,通过以上基于实测逆流行进波的波要素与理论三波相互作用中各共振组合的波要素特征所进行的对比分析,得出以下结论:逆流行进波的产生源自恒定水流中波相位均向上游逆流传播的两个同频率且波数分别为 k_1 与 k_2 的水面行进波成分(其中 k_1 波数成分的波能向上游传播,k_2 波数成分的波能向下游传播),与波数为水底正弦地形波数 k_b 的波成分所产生的三波共振相互作用。

4.6 本章小结

本章结合逆流行进波水槽实验的波要素测量结果与基于三波共振相互作用条件分析,通过逆流行进波的实测波频率、波数特征与三波共振相互作用条件的对比,明确了逆流行进波的产生机制,具体包含以下结果及结论:

(1) 从波浪、水流与水底正弦起伏地形共存情况下波波共振相互作用的角度,分析参与波波共振相互作用的水面自由行进波成分以及具有水底地形波数条件的波成分情况,根据波波共振相互作用的量阶特性及主导原则,建立考虑水流和水底正弦地形的三波共振相互作用的理论假设。

(2) 在水流和水底正弦地形所引发三波共振相互作用的基础上,分析参与共振相互作用的波成分特征,明确了该三波共振相互作用中所包含的两类共计六个共振组合,并计算得到各个共振组合所对应的精确存在域范围及适用条件。

(3) 通过水槽实验在正弦地形上游侧所测量逆流行进波的波频率与波数值,将其与波浪共存情况下的水波频散关系进行对比,首先验证了逆流行进波成分在波流相互作用中所属的 k_1 波成分(波相与波能均向上游逆流传播)。

(4) 在明确逆流行进波的波成分类别基础上,通过将水槽实验组次中实测波形的频率和波数值与各类三波共振相互作用下的水面共振波成分所满足的频率与波数条件进行对比,分析逆流行进波的波要素及其匹配的三波共振条件,明确了逆流行进波的产生来自考虑水流与水底起伏地形的第二类三波共振相互作用中的共振组合(6),该组合的波数共振条件为 $k_1 - k_2 = k_b$,参与共振的自由表面行进波除了逆流行进波的 k_1 波成分,还包括另一个波相向上游逆流传播、波能向下游顺流传播的同频率波成分 k_2。

(5) 在明确逆流行进波产生机制的基础上,对其所属共振组合(6)中的实测波形存在范围,结合第四章理论解析得到的共振波振幅时空分布特征判别表达式进行分析,明确了逆流行进波成分在其产生范围内的时间演化具有简谐变化的稳定性特征,在稳态振幅的空间分布上具有指数变化特征,表明 k_1 波成分的波能主要来自与 k_2 波成分以及具有水底地形波数 k_b 的波成分(包括稳形波)之间的能量交换。

第五章
基于摄动解析的逆流行进波成长机制研究

本章将在上一章所明确的逆流行进波的波形产生的三波共振相互作用组合类别的基础上,进一步探讨共振波振幅在正弦地形上部空间的成长机制;基于水波动力学分析中经典的势流理论假设,通过常规摄动分析与多重尺度展开奇异摄动理论解析恒定水流经过水底连续正弦起伏地形情况下的三波共振相互作用特征,获得共振波的振幅空间分布与时间演化函数所满足的方程;并针对该共振组合情况下共振波成分振幅的空间分布理论解,以及理论解对水流条件改变的影响特征分析(敏感性分析),并通过与水槽实验中测量的正弦地形上部波幅空间分布情况的对比,探讨相应共振波成分在正弦地形上部从微弱的水面波动成分迅速成长为明显逆流行进波波形的机制。

5.1 基本假设与边值问题描述

对具有自由表面的恒定水流经过水底起伏地形情况下的理论分析在二维笛卡尔坐标的基础上进行,其中 x 为水平方向空间坐标,z 为垂向空间坐标,平均水面设在 $z=0$ 处,平均水底设在 $z=-h$ 处,其中 h 为平均水深。

基于对流场中流体介质的均质、不可压缩与无粘假设,通过满足拉普拉斯方程的速度势函数 $\Phi(x,z,t)$ 来表示水底起伏地形上部的无旋流场。在势流假定的基础上,为了针对水波共振问题所开展理论解析的可行性,进一步假设该问题中的水流为恒定均匀流,使得起伏地形上部的流场势函数 $\Phi(x,z,t)$ 可以被分解如式(5.1)所示,

$$\Phi(x,z,t) = Ux + \phi(x,z,t) \qquad (5.1)$$

式(5.1)中,U 为恒定均匀水流的流速,Ux 为恒定均匀流所对应的速度势,$\phi(x,z,t)$ 为自由水面波动速度势。此外,水底起伏地形处的边界为 $z=-h+\zeta(x)$,其中 $\zeta(x)$ 为已知的水底起伏地形空间形态函数;自由水面位置处的未知

边界表示为 $z = \eta(x,t)$，其中 $\eta(x,t)$ 是与自由水面波动速度势 $\phi(x,z,t)$ 所对应的自由水面波动形态函数。以上问题的总体边界情况如图 5.1 所示。

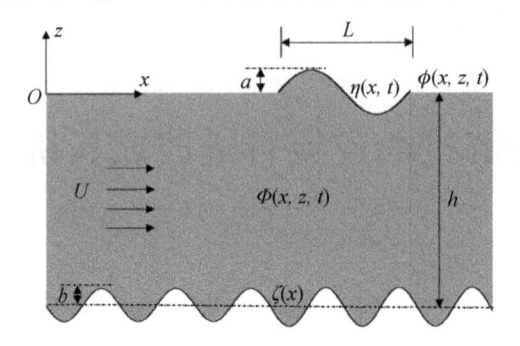

图 5.1 波浪、水流与水底正弦地形共存情况下的基本边值问题示意

对于非稳态流场势函数 $\Phi(x,z,t)$ 的边值问题求解，控制方程为其所满足的拉普拉斯方程，

$$\nabla^2 \Phi(x,z,t) = 0, \quad -h + \zeta(x) \leqslant z \leqslant \eta(x,t) \tag{5.2a}$$

式(5.2a)中，∇ 为哈密顿算子，$\nabla = \dfrac{\partial}{\partial x}\boldsymbol{i} + \dfrac{\partial}{\partial z}\boldsymbol{k}$，$\boldsymbol{i}$ 与 $\boldsymbol{k}$ 为 x 方向与 z 方向的正向单位向量。

自由水面处的运动与动力边界条件分别为，

$$\eta_t(x,t) + \Phi_x(x,z,t)\eta_x(x,t) = \Phi_z(x,z,t), \quad z = \eta(x,t) \tag{5.2b}$$

$$\Phi_t(x,z,t) + \frac{1}{2}[\Phi_x^2(x,z,t) + \Phi_z^2(x,z,t)] + g\eta(x,t) = C, \quad z = \eta(x,t) \tag{5.2c}$$

在固定的水底边界，通过边界处垂向流速为零的条件给出相应的边界条件，

$$\Phi_z(x,z,t) = \Phi_x(x,z,t)\zeta_x(x), \quad z = -h + \zeta(x) \tag{5.2d}$$

对于水底起伏地形的空间形态函数 $\zeta(x)$，本研究假设水底的周期性起伏地形为具有单一波数成分的简谐形态（即正余弦形态，为简化表述，本书称之为水底正弦起伏地形或正弦地形），在此将水底正弦地形函数表示为，

$$\zeta(x) = \frac{b}{2}\mathrm{e}^{\mathrm{i}k_b x} + c.c. \tag{5.3}$$

其中，b 为水底正弦地形的振幅，k_b 为地形波数（$k_b = 2\pi/L_b$），$i = \sqrt{-1}$，$c.c.$ 表示复共轭(Complex Conjugate)。

对于自由水面波动速度势 $\phi(x,z,t)$，其边值问题可通过将式(5.1)代入式

(5.2)的边值问题而得到,其中 $\phi(x,z,t)$ 仍满足拉普拉斯方程,

$$\nabla^2 \phi(x,z,t) = 0, -h+\zeta(x) \leqslant z \leqslant \eta(x,t) \qquad (5.4\text{a})$$

相应的自由水面运动、动力边界条件与水底边界条件分别为,

$$\eta_t(x,t) + [U+\phi_x(x,z,t)]\eta_x(x,t) = \phi_z(x,z,t), z=\eta(x,t) \quad (5.4\text{b})$$

$$\phi_t(x,z,t) + \frac{1}{2}\{[U+\phi_x(x,z,t)]^2 + \phi_z^2(x,z,t)\} + g\eta(x,t) = C, z=\eta(x,t)$$
$$(5.4\text{c})$$

$$\phi_z(x,z,t) = [U+\phi_x(x,z,t)]\zeta_x(x), z=-h+\zeta(x) \qquad (5.4\text{d})$$

所以,本书接下来对具有自由水面的恒定均匀流经过水底正弦起伏地形问题的理论分析,主要基于以上边值问题(式 5.4)展开解析研究。

5.2 恒定水流经过正弦起伏地形的稳态解回顾

对恒定水流经过水底正弦起伏地形的解析研究,在此首先关注并回顾稳态问题的分析,即恒定水流经过正弦起伏地形时会在自由表面产生稳定不变的水面形态,如 1.2.1 小节所述,本书称之为稳形波。稳形波的波面函数及其势函数便是基于 5.1 节所陈述的边值问题,在稳态假设的情况下进行求解。

具体来说,将 5.1 节中自由水面速度势 $\phi(x,z,t)$ 的边值问题(式 5.4)简化为稳态情况,忽略其中的时间自变量以及对时间的偏导数,从而得到自由水面稳态速度势 $\phi_S(x,z)$ 所满足的边值问题(式 5.5),其控制方程仍为拉普拉斯方程,

$$\nabla^2 \phi_S(x,z) = 0, -h+\zeta(x) \leqslant z \leqslant \eta_S(x) \qquad (5.5\text{a})$$

稳态自由水面的运动与动力边界条件分别为,

$$[U+\phi_{S_x}(x,z)]\eta_{S_x}(x) = \phi_{S_z}(x,z), z=\eta_S(x) \qquad (5.5\text{b})$$

$$\frac{1}{2}\{[U+\phi_{S_x}(x,z)]^2 + \phi_{S_z}^2(x,z)\} + g\eta_S(x) = C, z=\eta_S(x) \quad (5.5\text{c})$$

其中,$\eta_S(x)$ 为待求解的稳态自由水面形态函数。此外,相应的水底边界条件为,

$$\phi_{S_z}(x,z) = [U+\phi_{S_x}(x,z)]\zeta_x(x), z=-h+\zeta(x) \qquad (5.5\text{d})$$

假设水面稳形波的波陡与水底正弦地形的波陡为同阶小量 $\epsilon \ll 1$,将自由水面稳态速度势 $\phi_S(x,z)$ 与稳形波的水面形态函数 $\eta_S(x)$ 进行基于常规摄动的渐进级数展开,

$$\phi_S(x,z) = \phi_S^{(1)}(x,z) + \phi_S^{(2)}(x,z) + \phi_S^{(3)}(x,z) + \cdots \quad (5.6a)$$

$$\eta_S(x) = \eta_S^{(1)}(x) + \eta_S^{(2)}(x) + \eta_S^{(3)}(x) + \cdots \quad (5.6b)$$

然后分别对稳态自由水面与水底边界条件在 $z=0$ 与 $z=-h$ 处进行泰勒级数展开,并根据量阶归纳得到各阶稳态速度势 $\phi_S^{(n)}(x,z)$ 与水面稳态函数 $\eta_S^{(n)}(x)$ 的边值问题,其中 $\phi_S^{(n)}(x,z)$ 与 $\eta_S^{(n)}(x)$ 的量阶均为 $O(\epsilon^n)$,$n=1,2,3,\cdots$;水底正弦起伏地形函数 $\zeta(x)$ 的量级为 $O(\epsilon)$。

对于各阶稳态速度势 $\phi_S^{(n)}(x,z)$ 的控制方程,由于拉普拉斯方程为线型方程,根据线型叠加原理,各阶稳态速度势均满足该方程,

$$\nabla^2 \phi_S^{(1)}(x,z) = 0, \quad -h \leqslant z \leqslant 0 \quad (5.7a)$$

对于一阶稳态速度势 $\phi_S^{(1)}(x,z)$,其稳态自由水面边界条件为,

$$\frac{U^2}{g}\phi_{S_{xx}^{(1)}}(x,z) + \phi_{S_z^{(1)}}(x,z) = 0, \quad z=0 \quad (5.7b)$$

对应的自由表面一阶水面稳形波的波面形态函数 $\eta_S^{(1)}(x)$ 可表示为,

$$\eta_S^{(1)}(x) = -\frac{U}{g}\phi_{S_x^{(1)}}(x,z), \quad z=0 \quad (5.7c)$$

水底边界处的稳态条件为,

$$\phi_{S_z^{(1)}}(x,z) = U\zeta_x(x), \quad z=-h \quad (5.7d)$$

对于一阶稳态速度势 $\phi_S^{(1)}(x,z)$ 的边值问题,基于分离变量法,求解得到,

$$\phi_S^{(1)}(x,z) = \frac{g\cosh k_b z + U^2 k_b \sinh k_b z}{g\sinh k_b z - U^2 k_b \cosh k_b z} Ub\left(-\frac{i}{2}e^{ik_b x} + c.c.\right) \quad (5.8a)$$

对应稳形波的波面形态函数 $\eta_S^{(1)}(x)$ 为,

$$\eta_S^{(1)}(x) = \frac{-bU^2 k_b}{g\sinh k_b h - U^2 k_b \cosh k_b h}\left(\frac{1}{2}e^{ik_b x} + c.c.\right) \quad (5.8b)$$

从一阶稳态速度势 $\phi_S^{(1)}(x,z)$ 与一阶稳形波形态函数 $\eta_S^{(1)}(x)$ 的表达式中可以直接得到稳形波线性解临界流速 U_{CS} 的表达式(同公式 1.2,下标 C 表示临界情况 Critical condition,下标 S 表示稳形波 Stationary wave),

$$U_{CS} = \sqrt{\frac{g}{k_b}\tanh k_b h} \quad (5.9)$$

该流速条件对应稳形波一阶线性解的奇异点(Singularity)。虽然前人对稳形波的表达式进行了理论解析[28,29,31~34,48],但在后续的共振条件分析以及波幅

时空分布解的理论推导中，稳形波成分及相应的临界流速条件较重要，所以本节在此对其边值问题进行简要回顾。

5.3　基于常规摄动展开的共振特征分析

在明确了具有自由表面的恒定均匀流经过水底正弦起伏地形所存在的三波共振相互作用条件后，本节首先基于常规摄动级数展开对势函数的边值问题进行分析，通过势函数常规摄动解的表达式进一步明确三波共振相互作用的条件，并求解共振条件下的参与三波共振相互作用波成分振幅的时间与空间初始（线性）增长情况。

对于水面波动速度势 $\phi(x,z,t)$ 与水面波形函数 $\eta(x,t)$ 所满足的边值问题，

$$\nabla^2\phi(x,z,t)=0, -h+\zeta(x)\leqslant z\leqslant\eta(x,t) \quad (5.10\text{a})$$

$$\eta_t(x,t)+[U+\phi_x(x,z,t)]\eta_x(x,t)=\phi_z(x,z,t), z=\eta(x,t) \quad (5.10\text{b})$$

$$\phi_t(x,z,t)+\frac{1}{2}\{[U+\phi_x(x,z,t)]^2+\phi_z^2(x,z,t)\}+g\eta(x,t)=C, z=\eta(x,t)$$
$$(5.10\text{c})$$

$$\phi_z(x,z,t)=[U+\phi_x(x,z,t)]\zeta_x(x), z=-h+\zeta(x) \quad (5.10\text{d})$$

首先分别对水面波动势函数 $\phi(x,z,t)$ 在自由液面 $z=\eta(x,t)$ 与水底正弦地形 $z=-h+\zeta(x)$ 处的边界条件在平均自由水面 $z=0$ 与平均水底 $z=-h$ 处进行泰勒级数展开，

$$\eta_t+\left(U+\phi_x+\eta\phi_{xz}+\frac{\eta^2}{2!}\phi_{xzz}+\cdots\right)\eta_x=\phi_z+\eta\phi_{zz}+\frac{\eta^2}{2!}\phi_{zz}+\cdots, z=0$$
$$(5.11\text{a})$$

$$\phi_t+\eta\phi_{tz}+\frac{\eta^2}{2!}\phi_{tzz}+\cdots+$$
$$\frac{1}{2}\left[\left(U+\phi_x+\eta\phi_{xz}+\frac{\eta^2}{2!}\phi_{xzz}+\cdots\right)^2+\left(\phi_z+\eta\phi_{zz}+\frac{\eta^2}{2!}\phi_{zzz}+\cdots\right)^2\right]+g\eta=0,$$
$$z=0 \quad (5.11\text{b})$$

$$\phi_z+\zeta\phi_{zz}+\frac{\zeta^2}{2!}\phi_{zzz}+\cdots=\left(U+\phi_x+\zeta\phi_{xz}+\frac{\zeta^2}{2!}\phi_{xzz}+\cdots\right)\zeta_x, z=-h$$
$$(5.11\text{c})$$

然后将水面波动势函数 $\phi(x,z,t)$ 与水面波形函数 $\eta(x,t)$ 进行常规摄动级数展开，

$$\phi(x,z,t) = \phi^{(1)}(x,z,t) + \phi^{(2)}(x,z,t) + \phi^{(3)}(x,z,t) + \cdots \quad (5.12a)$$

$$\eta(x,t) = \eta^{(1)}(x,t) + \eta^{(2)}(x,t) + \eta^{(3)}(x,t) + \cdots \quad (5.12b)$$

其中 $\phi^{(n)}(x,z,t)$ 与 $\eta^{(n)}(x,t)$ 的量阶为 $O(\epsilon^n)$，$n=1,2,3,\cdots$；水底正弦地形函数 $\zeta(x)$ 的量级为 $O(\epsilon)$；然后将摄动展开式(5.12)代入上述边界条件处的泰勒展开式(5.11)，并逐阶归纳水面波动速度势函数与水面波形函数所满足的控制方程与边界条件。

5.3.1 一阶常规摄动的边值问题求解

一阶 $O(\epsilon)$ 水面波动速度势 $\phi^{(1)}(x,z,t)$ 满足以下的边值问题，

$$\nabla^2 \phi^{(1)}(x,z,t) = 0, \quad -h \leqslant z \leqslant 0 \quad (5.13a)$$

$$\phi^{(1)}_{tt}(x,z,t) + 2U\phi^{(1)}_{xt}(x,z,t) + U^2 \phi^{(1)}_{xx}(x,z,t) + g\phi^{(1)}_z(x,z,t) = 0, \quad z = 0 \quad (5.13b)$$

$$\phi^{(1)}_z(x,z,t) = U\zeta_x(x), \quad z = -h \quad (5.13c)$$

其中，水底正弦地形函数 $\zeta(x) = \dfrac{b}{2}(e^{ik_b x} + c.c.)$，一阶 $O(\epsilon)$ 水面波形函数 $\eta^{(1)}(x,t)$ 可通过相应的速度势函数 $\phi^{(1)}(x,z,t)$ 计算得到，

$$\eta^{(1)}(x,t) = -\frac{1}{g}[\phi^{(1)}_t(x,z,t) + U\phi^{(1)}_x(x,z,t)], \quad z = 0 \quad (5.13d)$$

基于拉普拉斯方程的线性叠加原理，以及水底边界条件(5.13c)的稳态非齐次项(该非齐次项不包含时间变量)，一阶自由水面波动速度势 $\phi^{(1)}(x,z,t)$ 的边值问题可以分解为不含水底边界条件稳态非齐次项的非稳态问题以及包含水底边界条件稳态非齐次项的稳态问题，通过对所分解的两个边值问题分别进行求解，然后将分别求解得到的速度势函数表达式相加即可得出一阶边值问题(式5.13)的速度势函数。在此将一阶水面波动速度势 $\phi^{(1)}(x,z,t)$ 的分解情况如式(5.14)所示，

$$\phi^{(1)}(x,z,t) = \phi^{(1)}_A(x,z,t) + \phi^{(1)}_B(x,z) \quad (5.14)$$

其中，势函数表达式 $\phi^{(1)}_A(x,z,t)$ 满足不含水底边界条件稳态非齐次项的非稳态边值问题，具体的边值问题如式 5.15 所示，

$$\nabla^2 \phi^{(1)}_A(x,z,t) = 0, \quad -h \leqslant z \leqslant 0 \quad (5.15a)$$

$$\phi^{(1)}_{Att}(x,z,t) + 2U\phi^{(1)}_{Axt}(x,z,t) + U^2\phi^{(1)}_{Axx}(x,z,t) + g\phi^{(1)}_{Az}(x,z,t) = 0, \quad z = 0 \quad (5.15b)$$

$$\phi_{Az}^{(1)}(x,z,t) = 0, z = -h \qquad (5.15c)$$

边值问题(式5.15)对应波流共存情况下水面行进波成分所满足的控制方程与边界条件，根据4.1节中三波共振相互作用的假设，该边值问题的解包含两个同频率但波数不同的水面自由行进波成分，在此令这两个波成分的复振幅分别为 A_m 与 A_n，波数分别为 k_m 与 k_n；波频率均为 ω。所以，此边值问题(式5.15)的势函数解 $\phi_A^{(1)}(x,z,t)$ 为，

$$\phi_A^{(1)}(x,z,t) = \frac{g}{\omega - k_m U} \frac{\cosh k_m(z+h)}{\cosh k_m h} \left[-\frac{iA_m}{2} e^{i(k_m x - \omega t)} + c.c. \right]$$

$$+ \frac{g}{\omega - k_n U} \frac{\cosh k_n(z+h)}{\cosh k_n h} \left[-\frac{iA_n}{2} e^{i(k_n x - \omega t)} + c.c. \right] \qquad (5.16a)$$

势函数 $\phi_A^{(1)}(x,z,t)$ 所对应的水面波形函数 $\eta_A^{(1)}(x,t)$ 为，

$$\eta_A^{(1)}(x,t) = -\frac{1}{g} \left[\phi_t^{(1)}(x,z,t) + U\phi_x^{(1)}(x,z,t) \right]_{z=0}$$

$$= \left[\frac{A_m}{2} e^{i(k_m x - \omega t)} + c.c. \right] + \left[\frac{A_n}{2} e^{i(k_n x - \omega t)} + c.c. \right] \qquad (5.16b)$$

此外，对包含水底边界条件稳态非齐次项的边值问题，其稳态势函数解 $\phi_B^{(1)}(x,z)$ 所满足的边值问题如式(5.17)所示，

$$\nabla^2 \phi_B^{(1)}(x,z) = 0, -h \leqslant z \leqslant 0 \qquad (5.17a)$$

$$U^2 \phi_{Bxx}^{(1)}(x,z) + g\phi_{Bz}^{(1)}(x,z) = 0, z = 0 \qquad (5.17b)$$

$$\phi_{Bz}^{(1)}(x,z) = U\zeta_x(x), z = -h \qquad (5.17c)$$

边值问题(式5.17)对应于恒定均匀水流经过水底正弦起伏地形形成自由水面稳形波的情况，$\phi_B^{(1)}(x,z)$ 即为稳形波的势函数解，

$$\phi_B^{(1)}(x,z) = \frac{g\cosh k_b z + U^2 k_b \sinh k_b z}{g \sinh k_b z - U^2 k_b \cosh k_b z} Ub \left(-\frac{i}{2} e^{ik_b x} + c.c. \right) \qquad (5.18a)$$

相应的稳形波波面函数 $\eta_B^{(1)}(x)$ 为，

$$\eta_B^{(1)}(x) = \frac{-U^2 k_b b}{g \sinh k_b h - U^2 k_b \cosh k_b h} \left(\frac{1}{2} e^{ik_b x} + c.c. \right) \qquad (5.18b)$$

所以，在针对以上两个分解的边值问题(式5.15与式5.17)分别进行求解的基础上，通过对各自边值问题的势函数解 $\phi_A^{(1)}(x,z,t)$ 与 $\phi_B^{(1)}(x,z)$ 进行线性叠加，便可得到满足式(5.13)的一阶水面波动速度势函数 $\phi^{(1)}(x,z,t)$ 的解，

$$\phi^{(1)}(x,z,t) = \frac{g}{\omega - k_m U} \frac{\cosh k_m(z+h)}{\cosh k_m h}\left[-\frac{iA_m}{2}\mathrm{e}^{i(k_m x - \omega t)} + c.c.\right]$$

$$+ \frac{g}{\omega - k_n U} \frac{\cosh k_n(z+h)}{\cosh k_n h}\left[-\frac{iA_n}{2}\mathrm{e}^{i(k_n x - \omega t)} + c.c.\right]$$

$$+ \frac{g\cosh k_b z + U^2 k_b \sinh k_b z}{g\sinh k_b z - U^2 k_b \cosh k_b z} Ub\left(-\frac{i}{2}\mathrm{e}^{ik_b x} + c.c.\right) \quad (5.19\mathrm{a})$$

$\phi^{(1)}(x,z,t)$ 所对应的一阶水面波形函数 $\eta^{(1)}(x,t)$ 为,

$$\eta^{(1)}(x,t) = \left[\frac{A_m}{2}\mathrm{e}^{i(k_m x - \omega t)} + c.c.\right] + \left[\frac{A_n}{2}\mathrm{e}^{i(k_n x - \omega t)} + c.c.\right]$$

$$- \frac{U^2 k_b b}{g\sinh k_b h - U^2 k_b \cosh k_b h}\left(\frac{1}{2}\mathrm{e}^{ik_b x} + c.c.\right) \quad (5.19\mathrm{b})$$

5.3.2 二阶常规摄动边值问题的分解

对于速度势函数常规摄动级数展开式中的二阶 $O(\epsilon^2)$ 水面波动速度势 $\phi^{(2)}(x,z,t)$，其满足的边值问题如式(5.20)所示，

$$\nabla^2 \phi^{(2)}(x,z,t) = 0, -h \leqslant z \leqslant 0 \quad (5.20\mathrm{a})$$

$$\phi^{(2)}_{tt}(x,z,t) + 2U\phi^{(2)}_{xt}(x,z,t) + U^2 \phi^{(2)}_{xx}(x,z,t) + g\phi^{(2)}_z(x,z,t) =$$
$$-2[\phi^{(1)}_x \phi^{(1)}_{xt} + \phi^{(1)}_z \phi^{(1)}_{zt} + U\phi^{(1)}_x \phi^{(1)}_{xx} + U\phi^{(1)}_z \phi^{(1)}_{xz}]$$
$$-\eta^{(1)}[\phi^{(1)}_{ttz} + 2U\phi^{(1)}_{xtz} + U^2 \phi^{(1)}_{xxz} + g\phi^{(1)}_{zz}]$$
$$= -2[\phi^{(1)}_x \phi^{(1)}_{xt} + \phi^{(1)}_z \phi^{(1)}_{zt} + U\phi^{(1)}_x \phi^{(1)}_{xx} + U\phi^{(1)}_z \phi^{(1)}_{xz}]$$
$$+ \frac{1}{g}(\phi^{(1)}_t + U\phi^{(1)}_x)[\phi^{(1)}_{ttz} + 2U\phi^{(1)}_{xtz} + U^2 \phi^{(1)}_{xxz} + g\phi^{(1)}_{zz}], z=0 \quad (5.20\mathrm{b})$$

$$\phi^{(2)}_z(x,z,t) = \phi^{(1)}_x \zeta_x(x) - \zeta(x)\phi^{(1)}_{xx}$$
$$= \phi^{(1)}_x \zeta_x(x) + \zeta(x)\phi^{(1)}_{xx} = [\phi^{(1)}_x \zeta(x)]_x, z=-h \quad (5.20\mathrm{c})$$

相应的二阶 $O(\epsilon^2)$ 水面波形函数 $\eta^{(2)}(x,t)$ 为：

$$\eta^{(2)} = -\frac{1}{g}\left\{\phi^{(2)}_t + U\phi^{(2)}_x + \eta^{(1)}\phi^{(1)}_{tz} + U\eta^{(1)}\phi^{(1)}_{xz} + \frac{1}{2}[\phi^{(1)}_x]^2 + \frac{1}{2}[\phi^{(1)}_z]^2\right\}\bigg|_{z=0}$$
$$(5.20\mathrm{d})$$

由于二阶速度势边值问题的自由水面与水底边界条件均为非齐次边界条件，在此继续利用拉普拉斯方程的线性叠加原理，将边值问题(式5.20)分解为两个子问题：(1) 自由水面边界条件为齐次、水底边界条件为非齐次的边值问

题,对应的速度势函数与波面函数分别为 $\phi_B^{(2)}(x,z,t)$ 与 $\eta_B^{(2)}(x,t)$,下标 B 表示该边值问题受到水底(Bottom)非齐次边界条件强迫项的影响。(2) 自由水面边界条件为非齐次、水底边界条件为齐次的边值问题,对应的速度势函数与波面函数分别为 $\phi_F^{(2)}(x,z,t)$ 与 $\eta_F^{(2)}(x,t)$,下标 F 表示该边值问题受到自由水面(Free surface)非齐次边界条件强迫项的影响。

5.3.3 节与 5.3.4 节将分别考虑水底非齐次项与自由水面非齐次项的作用,针对上述两个经过分解的二阶速度势函数边值子问题分别进行求解,5.3.5 节将基于二阶速度势函数常规摄动解的特征进行共振情况分析。

5.3.3 二阶常规摄动中水底边界非齐次项作用的边值问题求解

二阶常规摄动展开中自由水面边界条件为齐次、水底边界条件为非齐次的边值问题,主要考虑水底起伏地形边界条件对边值问题的影响,相应的速度势函数 $\phi_B^{(2)}(x,z,t)$ 所满足的边值问题如式(5.21)所示,

$$\nabla^2 \phi_B^{(2)}(x,z,t) = 0, -h \leqslant z \leqslant 0 \quad (5.21a)$$

$$\phi_{B_{tt}}^{(2)}(x,z,t) + 2U\phi_{B_{xt}}^{(2)}(x,z,t) + U^2 \phi_{B_{xx}}^{(2)}(x,z,t) + g\phi_{B_z}^{(2)}(x,z,t) = 0, z = 0 \quad (5.21b)$$

$$\phi_{B_z}^{(2)}(x,z,t) = [\phi_x^{(1)}\zeta(x)]_x, z = -h \quad (5.21c)$$

将一阶速度势函数 $\phi^{(1)}(x,z,t)$ 的表达式(式 5.19a)与水底正弦起伏地形函数 $\zeta(x)$ 的表达式(式 5.3)代入二阶水底非齐次边界条件(式 5.21c),得到水底边界条件非齐次项的具体展开式,

$$\begin{aligned}\phi_{B_z}^{(2)}(x,z,t) &= [\phi_x^{(1)}\zeta(x)]_x \big|_{z=-h} \\ &= -\frac{gk_m b}{2(\omega-k_m U)}\frac{1}{\cosh k_m h}(k_m+k_b)\left[-\frac{iA_m}{2}e^{i[(k_m+k_b)x-\omega t]}+c.c.\right] \\ &\quad -\frac{gk_m b}{2(\omega-k_m U)}\frac{1}{\cosh k_m h}(k_m-k_b)\left[-\frac{iA_m}{2}e^{i[(k_m-k_b)x-\omega t]}+c.c.\right] \\ &\quad -\frac{gk_n b}{2(\omega-k_n U)}\frac{1}{\cosh k_n h}(k_n+k_b)\left[-\frac{iA_n}{2}e^{i[(k_n+k_b)x-\omega t]}+c.c.\right] \\ &\quad -\frac{gk_n b}{2(\omega-k_n U)}\frac{1}{\cosh k_n h}(k_n-k_b)\left[-\frac{iA_n}{2}e^{i[(k_n-k_b)x-\omega t]}+c.c.\right] \\ &\quad -\frac{g\cosh k_b h - U^2 k_b \sinh k_b h}{g\sinh k_b h - U^2 k_b \cosh k_b h}Uk_b^2 b^2\left[-\frac{i}{2}e^{i2k_b x}+c.c.\right], z=-h\end{aligned}$$

$$(5.22)$$

然后根据水底边界条件与控制方程,确定具有水底非齐次强迫项的二阶速度势函数解 $\phi_B^{(2)}(x,z,t)$ 的结构形式,如式(5.23)所示,

$$\phi_B^{(2)}(x,z,t) = [D_1 \sinh(k_m+k_b)z + D_2 \cosh(k_m+k_b)z]\left\{-\frac{i}{2}e^{i[(k_m+k_b)x-\omega t]}\right\} +$$

$$c.c. + [E_1 \sinh(k_m-k_b)z + E_2 \cosh(k_m-k_b)z]\left\{-\frac{i}{2}e^{i[(k_m-k_b)x-\omega t]}\right\} + c.c.$$

$$+ [F_1 \sinh(k_n+k_b)z + F_2 \cosh(k_n+k_b)z]\left\{-\frac{i}{2}e^{i[(k_n+k_b)x-\omega t]}\right\} + c.c.$$

$$+ [G_1 \sinh(k_n-k_b)z + G_2 \cosh(k_n-k_b)z]\left\{-\frac{i}{2}e^{i[(k_n-k_b)x-\omega t]}\right\} + c.c.$$

$$+ [H_1 \sinh 2k_b z + H_2 \cosh 2k_b z]\left(-\frac{i}{2}e^{i2k_b x}\right) + c.c. \quad (5.23)$$

通过将 $\phi_B^{(2)}(x,z,t)$ 的结构式(5.23)代入自由水面齐次边界条件(式5.21b),得到结构式不同波数项中双曲正弦与双曲余弦函数项的系数关系式,再代入匹配水底非齐次边界条件,从而求解出包含水底非齐次强迫项影响的二阶速度势函数 $\phi_B^{(2)}(x,z,t)$ 表达式,

$$\phi_B^{(2)}(x,z,t) =$$

$$\frac{(\omega - k_m U)b}{2\sinh k_m h}\left\{\frac{g(k_m+k_b)\cosh(k_m+k_b)z + [\omega-U(k_m+k_b)]^2 \sinh(k_m+k_b)z}{g(k_m+k_b)\sinh(k_m+k_b)h - [\omega-U(k_m+k_b)]^2 \cosh(k_m+k_b)h}\right\}$$

$$\left\{-\frac{iA_m}{2}e^{i[(k_m+k_b)x-\omega t]} + c.c.\right\}$$

$$+ \frac{(\omega - k_m U)b}{2\sinh k_m h}\left\{\frac{g(k_m-k_b)\cosh(k_m-k_b)z + [\omega-U(k_m-k_b)]^2 \sinh(k_m-k_b)z}{g(k_m-k_b)\sinh(k_m-k_b)h - [\omega-U(k_m-k_b)]^2 \cosh(k_m-k_b)h}\right\}$$

$$\left\{-\frac{iA_m}{2}e^{i[(k_m-k_b)x-\omega t]} + c.c.\right\}$$

$$+ \frac{(\omega - k_n U)b}{2\sinh k_n h}\left\{\frac{g(k_n+k_b)\cosh(k_n+k_b)z + [\omega-U(k_n+k_b)]^2 \sinh(k_n+k_b)z}{g(k_n+k_b)\sinh(k_n+k_b)h - [\omega-U(k_n+k_b)]^2 \cosh(k_n+k_b)h}\right\}$$

$$\left\{-\frac{iA_n}{2}e^{i[(k_n+k_b)x-\omega t]} + c.c.\right\}$$

$$+ \frac{(\omega - k_n U)b}{2\sinh k_n h}\left\{\frac{g(k_n-k_b)\cosh(k_n-k_b)z + [\omega-U(k_n-k_b)]^2 \sinh(k_n-k_b)z}{g(k_n-k_b)\sinh(k_n-k_b)h - [\omega-U(k_n-k_b)]^2 \cosh(k_n-k_b)h}\right\}$$

$$\left\{-\frac{iA_n}{2}e^{i[(k_n-k_b)x-\omega t]} + c.c.\right\}$$

$$+\frac{g\cosh k_b h - U^2 k_b \sinh k_b h}{g\sinh k_b h - U^2 k_b \cosh k_b h} \left\{\frac{Uk_b}{2}\right\} \left\{\frac{2k_b U^2 \sinh 2k_b z + g\cosh 2k_b z}{2k_b U^2 \cosh 2k_b h - g\sinh 2k_b h}\right\} b^2$$

$$\left(-\frac{i}{2}\mathrm{e}^{i2k_b x} + c.c.\right) \tag{5.24}$$

由于 $\phi_B^{(2)}(x,z,t)$ 所满足的边值问题在自由水面为齐次边界条件,其忽略了包含水面非线性作用的非齐次项,所以相应波面函数 $\eta_B^{(2)}(x,t)$ 的计算式为,

$$\eta_B^{(2)}(x,t) = -\frac{1}{g}\{\phi_{Bt}^{(2)}(x,z,t) + U\phi_{Bx}^{(2)}(x,z,t)\}\Big|_{z=0} \tag{5.25}$$

将 $\phi_B^{(2)}(x,z,t)$ 的表达式(5.24)代入式(5.25),则得到波面函数 $\eta_B^{(2)}(x,t)$ 的表达式,如式(5.26)所示,

$$\eta_B^{(2)}(x,t) =$$

$$\frac{(\omega - k_m U)(k_m + k_b)[\omega - (k_m + k_b)U]b}{2\sinh k_m h \{g(k_m + k_b)\sinh(k_m + k_b)h - [\omega - U(k_m + k_b)]^2 \cosh(k_m + k_b)h\}}$$

$$\left\{\frac{A_m}{2}\mathrm{e}^{i[(k_m + k_b)x - \omega t]} + c.c.\right\}$$

$$+ \frac{(\omega - k_m U)(k_m - k_b)[\omega - (k_m - k_b)U]b}{2\sinh k_m h \{g(k_m - k_b)\sinh(k_m - k_b)h - [\omega - U(k_m - k_b)]^2 \cosh(k_m - k_b)h\}}$$

$$\left\{\frac{A_m}{2}\mathrm{e}^{i[(k_m - k_b)x - \omega t]} + c.c.\right\}$$

$$+ \frac{(\omega - k_n U)(k_n + k_b)[\omega - (k_n + k_b)U]b}{2\sinh k_n h \{g(k_n + k_b)\sinh(k_n + k_b)h - [\omega - U(k_n + k_b)]^2 \cosh(k_n + k_b)h\}}$$

$$\left\{\frac{A_n}{2}\mathrm{e}^{i[(k_n + k_b)x - \omega t]} + c.c.\right\}$$

$$+ \frac{(\omega - k_n U)(k_n - k_b)[\omega - (k_n - k_b)U]b}{2\sinh k_n h \{g(k_n - k_b)\sinh(k_n - k_b)h - [\omega - U(k_n - k_b)]^2 \cosh(k_n - k_b)h\}}$$

$$\left\{\frac{A_n}{2}\mathrm{e}^{i[(k_n - k_b)x - \omega t]} + c.c.\right\}$$

$$- \frac{g\cosh k_b h - U^2 k_b \sinh k_b h}{g\sinh k_b h - U^2 k_b \cosh k_b h} U^2 k_b^2 \left\{\frac{2k_b U^2 \sinh 2k_b z + g\cosh 2k_b z}{2k_b U^2 \cosh 2k_b h - g\sinh 2k_b h}\right\} b^2$$

$$\left(\frac{1}{2}\mathrm{e}^{i2k_b x} + c.c.\right) \tag{5.26}$$

5.3.4 二阶常规摄动中自由水面边界非齐次项作用的边值问题求解

二阶常规摄动展开中自由水面边界条件为非齐次、水底边界条件为齐次的

边值问题，主要考虑自由水面边界条件对边值问题的影响，相应的速度势函数 $\phi_F^{(2)}(x,z,t)$ 所满足的边值问题如式(5.27)所示，

$$\nabla^2 \phi_F^{(2)}(x,z,t) = 0, -h \leqslant z \leqslant 0 \qquad (5.27\text{a})$$

$$\phi_{Ftt}^{(2)}(x,z,t) + 2U\phi_{Fxt}^{(2)}(x,z,t) + U^2 \phi_{Fxx}^{(2)}(x,z,t) + g\phi_{Fz}^{(2)}(x,z,t) =$$
$$-2[\phi_x^{(1)} \phi_{xt}^{(1)} + \phi_z^{(1)} \phi_{zt}^{(1)} + U\phi_x^{(1)} \phi_{xx}^{(1)} + U\phi_z^{(1)} \phi_{zx}^{(1)}]$$
$$+\frac{1}{g}(\phi_t^{(1)} + U\phi_x^{(1)})[\phi_{ttz}^{(1)} + 2U\phi_{xtz}^{(1)} + U^2 \phi_{xxz}^{(1)} + g\phi_{zz}^{(1)}], z = 0 \quad (5.27\text{b})$$

$$\phi_{Fz}^{(2)}(x,z,t) = 0, z = -h \qquad (5.27\text{c})$$

通过将一阶速度势函数 $\phi^{(1)}(x,z,t)$ 的表达式(5.19a)代入二阶自由水面非齐次边界条件(式 5.27b)，得到自由水面边界条件非齐次项的具体展开式，如式(5.28)所示，

$$\phi_{Ftt}^{(2)}(x,z,t) + 2U\phi_{Fxt}^{(2)}(x,z,t) + U^2 \phi_{Fxx}^{(2)}(x,z,t) + g\phi_{Fz}^{(2)}(x,z,t) =$$

$$-\frac{3g^2 k_m^2}{2(\omega - k_m U)\cosh^2 k_m h}\left[-\frac{iA_m^2}{2} e^{i(2k_m x - 2\omega t)} + c.c.\right]$$

$$-\frac{3g^2 k_n^2}{2(\omega - k_n U)\cosh^2 k_n h}\left[-\frac{iA_n^2}{2} e^{i(2k_n x - 2\omega t)} + c.c.\right]$$

$$+g^2 \left[\begin{array}{c}\dfrac{-k_m k_n(1-\tanh k_m h \tanh k_n h) - \dfrac{1}{2}k_m^2(1-\tanh^2 k_m h)}{\omega - k_m U} \\ -\dfrac{k_m k_n(1-\tanh k_m h \tanh k_n h) - \dfrac{1}{2}k_n^2(1-\tanh^2 k_n h)}{\omega - k_n U}\end{array}\right]$$

$$\left\{-\frac{iA_m A_n}{2} e^{i[(k_m+k_n)x-2\omega t]} + c.c.\right\}$$

$$+g^2 \left[\begin{array}{c}\dfrac{Uk_m k_n(1+\tanh k_m h \tanh k_n h)}{(\omega-k_m U)(\omega-k_n U)} \\ -\dfrac{1}{2}\left(\dfrac{k_m^2(1-\tanh^2 k_m h)}{\omega - k_m U} - \dfrac{k_n^2(1-\tanh^2 k_n h)}{\omega - k_n U}\right)\end{array}\right]$$

$$\left\{-\frac{iA_m A_n^*}{2} e^{i[(k_m-k_n)x]} + c.c.\right\}$$

$$+\frac{3U^3 k_b^3(g^2 - U^4 k_b^2)b^2}{2(g\sinh k_b h - U^2 k_b \cosh k_b h)^2}\left[-\frac{i}{2} e^{i2k_b x} + c.c.\right]$$

$$+ \frac{U k_b b}{g \sinh k_b h - U^2 k_b \cosh k_b h} \left[\begin{array}{l} \frac{g k_m}{\omega - k_m U}(U^2 k_b \tanh k_m h - g)(\omega - (k_m + k_b)U) \\ + \frac{1}{2}\left(\frac{U g^2 k_m^2 (1 - \tanh^2 k_m h)}{\omega - k_m U} - k_b (g^2 - U^4 k_b^2) \right) \end{array} \right]$$

$$\left\{ -\frac{i A_m}{2} e^{i[(k_m + k_b)x - \omega t]} + c.c. \right\}$$

$$+ \frac{U k_b b}{g \sinh k_b h - U^2 k_b \cosh k_b h} \left[\begin{array}{l} -\frac{g k_m}{\omega - k_m U}(U^2 k_b \tanh k_m h + g)(\omega - (k_m - k_b)U) \\ + \frac{1}{2}\left(\frac{U g^2 k_m^2 (1 - \tanh^2 k_m h)}{\omega - k_m U} + k_b (g^2 - U^4 k_b^2) \right) \end{array} \right]$$

$$\left\{ -\frac{i A_m}{2} e^{i[(k_m - k_b)x - \omega t]} + c.c. \right\}$$

$$+ \frac{U k_b b}{g \sinh k_b h - U^2 k_b \cosh k_b h} \left[\begin{array}{l} \frac{g k_n}{\omega - k_n U}(-U^2 k_b \tanh k_n h - g)(\omega - (k_n + k_b)U) \\ + \frac{1}{2}\left(\frac{U g^2 k_n^2 (1 - \tanh^2 k_n h)}{\omega - k_n U} - k_b (g^2 - U^4 k_b^2) \right) \end{array} \right]$$

$$\left\{ -\frac{i A_n}{2} e^{i[(k_n + k_b)x - \omega t]} + c.c. \right\}$$

$$+ \frac{U k_b b}{g \sinh k_b h - U^2 k_b \cosh k_b h} \left[\begin{array}{l} -\frac{g k_n}{\omega - k_n U}(U^2 k_b \tanh k_2 h + g)(\omega - (k_n - k_b)U) \\ + \frac{1}{2}\left(\frac{U g^2 k_n^2 (1 - \tanh^2 k_n h)}{\omega - k_n U} + k_b (g^2 - U^4 k_b^2) \right) \end{array} \right]$$

$$\left\{ -\frac{i A_n}{2} e^{i[(k_n - k_b)x - \omega t]} + c.c. \right\} \quad (5.28)$$

然后根据控制方程、水底齐次边界条件与自由水面非齐次边界条件,确定满足水面非齐次边界条件的二阶速度势函数解 $\phi_F^{(2)}(x,z,t)$ 的结构式如下,

$$\phi_F^{(2)}(x,z,t) = A \frac{\cosh 2k_m(z+h)}{\cosh 2k_m h}\left[-\frac{i}{2} e^{i(2k_m x - 2\omega t)} \right] + c.c.$$

$$+ B \frac{\cosh 2k_n(z+h)}{\cosh 2k_n h}\left[-\frac{i}{2} e^{i(2k_n x - 2\omega t)} \right] + c.c.$$

$$+ C \frac{\cosh(k_m + k_n)(z+h)}{\cosh(k_m + k_n)h}\left[-\frac{i}{2} e^{i[(k_m + k_n)x - 2\omega t]} \right] + c.c.$$

$$+ D \frac{\cosh(k_m - k_n)(z+h)}{\cosh(k_m - k_n)h}\left[-\frac{i}{2} e^{i[(k_m - k_n)x]} \right] + c.c.$$

$$+ E \frac{\cosh 2k_b(z+h)}{\cosh 2k_b h}\left[-\frac{i}{2} e^{i2k_b x}\right] + c.c.$$

$$+ F \frac{\cosh(k_m+k_b)(z+h)}{\cosh(k_m+k_b)h}\left[-\frac{i}{2} e^{i[(k_m+k_b)x-\omega t]}\right] + c.c.$$

$$+ G \frac{\cosh(k_m-k_b)(z+h)}{\cosh(k_m-k_b)h}\left[-\frac{i}{2} e^{i[(k_m-k_b)x-\omega t]}\right] + c.c.$$

$$+ H \frac{\cosh(k_n+k_b)(z+h)}{\cosh(k_n+k_b)h}\left[-\frac{i}{2} e^{i[(k_n+k_b)x-\omega t]}\right] + c.c.$$

$$+ I \frac{\cosh(k_n-k_b)(z+h)}{\cosh(k_n-k_b)h}\left[-\frac{i}{2} e^{i[(k_n-k_b)x-\omega t]}\right] + c.c. \quad (5.29)$$

将上述结构式代入自由水面边界条件非齐次项的具体展开式(5.28)，求解出结构式(5.29)中相应的系数表达式(A～I,见式 5.30)，从而得到包含自由水面非齐次强迫项影响的二阶速度势函数 $\phi_F^{(2)}(x,z,t)$ 的表达式，

$$A = -\frac{3}{2} \frac{g^2 A_m^2 k_m^2}{(\omega-k_m U)\cosh^2 k_m h} \frac{1}{[2gk_m\tanh 2k_m h - (2\omega-2Uk_m)^2]} \quad (5.30a)$$

$$B = -\frac{3}{2} \frac{g^2 A_n^2 k_n^2}{(\omega-k_n U)\cosh^2 k_n h} \frac{1}{[2gk_n\tanh 2k_n h_0 - (2\omega-2Uk_n)^2]} \quad (5.30b)$$

$$C = \frac{A_m A_n g^2}{g(k_m+k_n)\tanh(k_m+k_n)h - (2\omega-U(k_m+k_n))^2}$$

$$\left[\frac{-k_m k_n(1-\tanh k_m h \tanh k_n h) - \frac{1}{2}k_m^2(1-\tanh^2 k_m h)}{\omega - k_m U}\right.$$

$$\left. - \frac{k_m k_n(1-\tanh k_m h \tanh k_n h) - \frac{1}{2}k_n^2(1-\tanh^2 k_n h)}{\omega - k_n U}\right] \quad (5.30c)$$

$$D = \frac{A_m A_n^* g^2}{g(k_m-k_n)\tanh(k_m-k_n)h - U^2(k_m-k_n)^2}$$

$$\left[\frac{Uk_m k_n(1+\tanh k_m h \tanh k_n h)}{(\omega-k_m U)(\omega-k_n U)}\right.$$

$$\left. -\frac{1}{2}\left(\frac{k_m^2(1-\tanh^2 k_m h)}{\omega - k_m U} - \frac{k_n^2(1-\tanh^2 k_n h)}{\omega - k_n U}\right)\right] \quad (5.30d)$$

$$E = \frac{3U^3 b^2 k_b^3 (g^2 - U^4 k_b^2)}{2(g\sinh k_b h - U^2 k_b \cosh k_b h)^2} \frac{1}{[2gk_b\tanh 2k_b h - U^2(2k_b)^2]} \quad (5.30e)$$

$$F = \frac{Uk_b A_m b}{g\sinh k_b h - U^2 k_b \cosh k_b h} \frac{1}{[g(k_m+k_b)\tanh(k_m+k_b)h - (\omega - U(k_m+k_b))^2]}$$

$$\left[\begin{array}{l} \dfrac{g k_m}{\omega - k_m U}(U^2 k_b \tanh k_m h - g)(\omega - (k_m+k_b)U) \\ + \dfrac{1}{2}\left(\dfrac{Ug^2 k_m^2(1-\tanh^2 k_m h)}{\omega - k_m U} - k_b(g^2 - U^4 k_b^2) \right) \end{array} \right] \quad (5.30\text{f})$$

$$G = \frac{Uk_b A_m b}{g\sinh k_b h - U^2 k_b \cosh k_b h} \frac{1}{[g(k_m-k_b)\tanh(k_m-k_b)h - (\omega - U(k_m-k_b))^2]}$$

$$\left[\begin{array}{l} -\dfrac{g k_m}{\omega - k_m U}(U^2 k_b \tanh k_m h + g)(\omega - (k_m-k_b)U) \\ + \dfrac{1}{2}\left(\dfrac{Ug^2 k_m^2(1-\tanh^2 k_m h)}{\omega - k_m U} + k_b(g^2 - U^4 k_b^2) \right) \end{array} \right] \quad (5.30\text{g})$$

$$H = \frac{Uk_b A_n b}{g\sinh k_b h - U^2 k_b \cosh k_b h} \frac{1}{[g(k_n+k_b)\tanh(k_n+k_b)h - (\omega - U(k_n+k_b))^2]}$$

$$\left[\begin{array}{l} \dfrac{g k_n}{\omega - k_n U}(-U^2 k_b \tanh k_n h - g)(\omega - (k_n+k_b)U) \\ + \dfrac{1}{2}\left(\dfrac{Ug^2 k_n^2(1-\tanh^2 k_n h)}{\omega - k_n U} - k_b(g^2 - U^4 k_b^2) \right) \end{array} \right] \quad (5.30\text{h})$$

$$I = \frac{Uk_b A_n b}{g\sinh k_b h - U^2 k_b \cosh k_b h} \frac{1}{[g(k_n-k_b)\tanh(k_n-k_b)h - (\omega - U(k_n-k_b))^2]}$$

$$\left[\begin{array}{l} -\dfrac{g k_n}{\omega - k_n U}(U^2 k_b \tanh k_2 h + g)(\omega - (k_n-k_b)U) \\ + \dfrac{1}{2}\left(\dfrac{Ug^2 k_n^2(1-\tanh^2 k_n h)}{\omega - k_n U} + k_b(g^2 - U^4 k_b^2) \right) \end{array} \right] \quad (5.30\text{i})$$

由于 $\phi_F^{(2)}(x,z,t)$ 所满足的边值问题在自由水面为非齐次边界条件,其包含水面边界非线性作用的非齐次项,所以相应的波面函数 $\eta_F^{(2)}(x,t)$ 的计算式为,

$$\eta_F^{(2)}(x,t) = -\frac{1}{g}\left\{ \phi_{Ft}^{(2)} + U\phi_{Fx}^{(2)} + \eta^{(1)}\phi_{tz}^{(1)} + U\eta^{(1)}\phi_{xz}^{(1)} + \frac{1}{2}[\phi_x^{(1)}]^2 + \frac{1}{2}[\phi_z^{(1)}]^2 \right\}\bigg|_{z=0}$$

$$(5.31)$$

将 $\phi_F^{(2)}(x,z,t)$、$\phi^{(1)}(x,z,t)$ 与 $\eta^{(1)}(x,t)$ 的表达式代入式(5.31),则得到考虑水面非线性作用的二阶波面函数 $\eta_F^{(2)}(x,t)$ 的表达式;将其与考虑水底非线性作用的二阶波面函数表达式 $\eta_B^{(2)}(x,t)$ 进行线性叠加,即得到基于常规摄动展开的二阶波面表达式 $\eta^{(2)}(x,t)$,由于 $\phi_F^{(2)}(x,z,t)$ 与 $\eta_F^{(2)}(x,t)$ 的表达式过长,为简

化表达,在此不做具体展开,

$$\eta^{(2)}(x,t) = \eta_F^{(2)}(x,t) + \eta_B^{(2)}(x,t) \tag{5.32}$$

5.3.5 二阶常规摄动解的共振情况分析

将 5.3.3 与 5.3.4 小节中分别考虑水底边界条件非齐次项与自由水面边界条件非齐次项的二阶常规摄动边值问题的解(式 5.24 与式 5.29、5.30)进行线性叠加,得到同时考虑水底边界条件非齐次项与自由水面边界条件非齐次项的二阶常规摄动解,其水面波动速度势函数 $\phi^{(2)}(x,z,t)$ 为,

$$\phi^{(2)}(x,z,t) = \phi_B^{(2)}(x,z,t) + \phi_F^{(2)}(x,z,t) \tag{5.33}$$

由于式(5.33)中 $\phi_B^{(2)}(x,z,t)$ 与 $\phi_F^{(2)}(x,z,t)$ 的表达式过长,所以具体参见式(5.24)、(5.29)与(5.30),在此不作重复表达。通过其表达式的形式可以观察到,当两个自由水面波成分的波数 k_m 与 k_n,与正弦地形波数 k_b 之间满足三波共振相互作用条件 $k_m - k_n = k_b$ 时,由于 $k_n = k_m - k_b$,$k_m = k_n + k_b$,且 k_m 与 k_n 及其频率 ω 均满足波流共存情况下的频散关系,对于二阶水面波动速度势函数表达式 $\phi^{(2)}(x,z,t)$ 中包含 $-\frac{i}{2}e^{i[(k_m - k_b)x - \omega t]} + c.c.$ 与 $-\frac{i}{2}e^{i[(k_n + k_b)x - \omega t]} + c.c.$ 两个谐波成分的项(式 5.24 中的第 2 与第 3 项、式 5.29 中的第 7 与第 8 项),具有这两个谐波成分项表达式的系数分母为零,以致这些项的量值为无穷大,其对应于三波共振相互作用条件下的奇异点。所以,基于对常规摄动级数展开的二阶势函数表达式特征的分析,再次明确了三波共振相互作用的条件。

虽然在三波共振相互作用条件下,速度势函数与波面函数的共振项均为无穷大,但可以通过进一步的线性假设求解共振波振幅的线性(初始)时间与空间的增长率(Initial growth rate)。

为了求解三波共振相互作用条件下共振波振幅的线性(初始)时间与空间增长率,首先需要针对待求解的共振波成分(波数为 k_m 与 k_n,频率为 ω 的谐波成分)进行分析,其在边值问题中包括水底与自由水面非齐次项中引发共振(导致速度势函数与波面函数出现部分项的分母为零)的项,即波数为 $k_m - k_b(= k_n)$ 与 $k_n + k_b(= k_m)$ 谐波成分的非齐次项。

对于水底非齐次边界条件(式 5.21c 与 5.22),其中引发三波共振相互作用的项为(势函数表达式中的上标 R 表示共振 Resonance),

$$\begin{aligned}\phi_{B_z}^{R(2)}(x,z,t) =& -\frac{g A_m b k_m(k_m - k_b)}{2(\omega - k_m U)\cosh k_m h}\left\{-\frac{i}{2}e^{i[(k_m - k_b)x - \omega t]}\right\} + c.c. \\ & -\frac{g A_n b k_n(k_n + k_b)}{2(\omega - k_n U)\cosh k_n h}\left\{-\frac{i}{2}e^{i[(k_n + k_b)x - \omega t]}\right\} + c.c.\end{aligned} \tag{5.34a}$$

对于自由水面非齐次边界条件（式 5.27b 与 5.28），其中引发三波共振相互作用的项为，

$$\phi_{F_{tt}}^{R(2)}(x,z,t) + 2U\phi_{F_{xt}}^{R(2)}(x,z,t) + U^2\phi_{F_{xx}}^{R(2)}(x,z,t) + g\phi_{F_z}^{R(2)}(x,z,t) =$$

$$\frac{Uk_b A_m b}{g\sinh k_b h - U^2 k_b \cosh k_b h}\left[\begin{array}{l}-\dfrac{gk_m}{\omega - k_m U}(U^2 k_b \tanh k_m h + g)(\omega - (k_m - k_b)U)\\ +\dfrac{1}{2}\left(\dfrac{Ug^2 k_m^2(1-\tanh^2 k_m h)}{\omega - k_m U} + k_b(g^2 - U^4 k_b^2)\right)\end{array}\right]$$

$$\left\{-\dfrac{i}{2}\mathrm{e}^{i[(k_m - k_b)x - \omega t]}\right\} + c.c. +$$

$$\frac{Uk_b A_n b}{g\sinh k_b h - U^2 k_b \cosh k_b h}\left[\begin{array}{l}-\dfrac{gk_n}{\omega - k_n U}(-U^2 k_b \tanh k_n h + g)(\omega - (k_n + k_b)U)\\ +\dfrac{1}{2}\left(\dfrac{Ug^2 k_n^2(1-\tanh^2 k_n h)}{\omega - k_n U} - k_b(g^2 - U^4 k_b^2)\right)\end{array}\right]$$

$$\left\{-\dfrac{i}{2}\mathrm{e}^{i[(k_n + k_b)x - \omega t]}\right\} + c.c. \qquad (5.34\mathrm{b})$$

在明确了常规摄动分析中引发三波共振相互作用的水底与自由水面边界条件的非齐次共振项（式 5.34a 与 5.34b），同样基于线性叠加原理，将上述包含水底与水面非齐次共振项的边值问题分解为以下两个子问题：(1) 水底边界条件包含非齐次共振项、自由水面边界条件为齐次的边值问题；(2) 自由水面边界条件包含非齐次共振项、水底边界条件为齐次的边值问题。

然后，分别针对上述两个边值子问题，建立三波共振相互作用条件下的共振波振幅随时间（或空间）线性增长的假设，并在相应线性假设的基础上进行求解；4.4.6 与 4.4.7 小节将分别对这两个边值子问题中波幅共振线性解的求解过程与结果进行详细叙述。

5.3.6　二阶常规摄动中水底非齐次项作用的边值问题的线性波幅共振解

为了获得二阶摄动级数展开中水底非齐次共振项作用下的边值问题的波幅线性共振解，本小节对水底边界条件为非齐次共振项，自由水面边界条件为齐次项的边值问题进行具体解析。由于水底非齐次共振项中包含 $-\dfrac{i}{2}\mathrm{e}^{i[(k_m - k_b)x - \omega t]} + c.c.$ 与 $-\dfrac{i}{2}\mathrm{e}^{i[(k_n + k_b)x - \omega t]} + c.c.$ 这两个谐波成分项（在三波共振相互作用条件 $k_m - k_n = k_b$ 下，两个共振项谐波成分的波数分别为 k_n 与 k_m），所以为了方便求解，同样基于线性叠加原理，将水底非齐次边界条件中引发三波共振相互作用的两个谐波共振项进行线性拆分，分别求解然后再相加。对水底边界非齐次共振

项作用的边值问题势函数解 $\phi_B^{R^{(2)}}(x,z,t)$ 的分解如式(5.35)所示,

$$\phi_B^{R^{(2)}}(x,z,t) = \phi_{Bm}^{R^{(2)}}(x,z,t) + \phi_{Bn}^{R^{(2)}}(x,z,t) \tag{5.35}$$

其中,$\phi_{Bm}^{R^{(2)}}(x,z,t)$ 所满足的边值问题,其水底边界非齐次项仅包含波数为 k_m 的共振谐波成分;$\phi_{Bn}^{R^{(2)}}(x,z,t)$ 所满足的边值问题,其水底边界非齐次项仅包含波数为 k_n 的共振谐波成分。

对于三波共振条件下波数为 k_m 的共振波成分在水底边界条件非齐次项的强迫共振作用,该作用下的速度势函数 $\phi_{Bm}^{R^{(2)}}(x,z,t)$ 所满足的边值问题为,

$$\nabla^2 \phi_{Bm}^{R^{(2)}}(x,z,t) = 0, -h \leqslant z \leqslant 0 \tag{5.36a}$$

$$\phi_{Bm\,tt}^{R^{(2)}}(x,z,t) + 2U\phi_{Bm\,xt}^{R^{(2)}}(x,z,t) + U^2\phi_{Bm\,xx}^{R^{(2)}}(x,z,t) + g\phi_{Bm\,z}^{R^{(2)}}(x,z,t) = 0,$$
$$z = 0 \tag{5.36b}$$

$$\phi_{Bm\,z}^{R^{(2)}}(x,z,t) = -\frac{g k_n(k_n+k_b)b}{2(\omega-k_nU)\cosh k_nh}\left\{-\frac{iA_n}{2}\mathrm{e}^{i[(k_n+k_b)x-\omega t]}\right\} + c.c.$$

$$= -\frac{g k_m k_n b}{2(\omega-k_nU)\cosh k_nh}\left\{-\frac{iA_n}{2}\mathrm{e}^{i[k_mx-\omega t]}\right\} + c.c., z = -h \tag{5.36c}$$

为了求解此边值问题(式 5.36),基于波幅随时间线性增长的线性解假设,以及相应的线性叠加原理与水面及水底边界条件,在此假定势函数解 $\phi_{Bm}^{R^{(2)}}(x,z,t)$ 的结构如式(5.37)所示,

$$\phi_{Bm}^{R^{(2)}}(x,z,t) = \phi_{Bm1}^{R^{(2)}}(x,z,t) + \phi_{Bm2}^{R^{(2)}}(x,z,t) \tag{5.37a}$$

$$\phi_{Bm1}^{R^{(2)}}(x,z,t) = \alpha t \cosh k_m(z+h)\left\{\frac{1}{2}\mathrm{e}^{i[k_mx-\omega t]}\right\} + c.c. \tag{5.37b}$$

$$\phi_{Bm2}^{R^{(2)}}(x,z,t) = \beta\sinh k_m(z+h)\left\{-\frac{i}{2}\mathrm{e}^{i[k_mx-\omega t]}\right\} + c.c. \tag{5.37c}$$

其中,第一项 $\phi_{Bm1}^{R^{(2)}}(x,z,t)$ 代表在三波共振相互作用的波数条件($k_m - k_n = k_b$)与相应的水底强迫项作用(式 5.36c)下,波数为 k_m 的共振波成分振幅随时间的线性增长项,其在水底边界处满足齐次边界条件;第二项 $\phi_{Bm2}^{R^{(2)}}(x,z,t)$ 的作用是匹配 $\phi_{Bm}^{R^{(2)}}(x,z,t)$ 所满足的边值问题(式 5.36)中自由水面边界处的齐次边界条件(式 5.36b)。

所以,$\phi_{Bm1}^{R^{(2)}}(x,z,t)$ 与 $\phi_{Bm2}^{R^{(2)}}(x,z,t)$ 的势函数表达式之和 $\phi_{Bm}^{R^{(2)}}(x,z,t)$ 满足具有自由水面齐次边界条件与水底共振非齐次边界条件的边值问题(式 5.36),但分解后的势函数项 $\phi_{Bm1}^{R^{(2)}}(x,z,t)$ 与 $\phi_{Bm2}^{R^{(2)}}(x,z,t)$ 各自所满足的边值问题需要分别进行求解。

(1) 对于波数为 k_m 的共振波成分振幅线性增长的势函数项 $\phi_{Bm1}^{R^{(2)}}(x,z,t)$

$$= \alpha t \cosh k_m(z+h)\left\{\frac{1}{2}\,\mathrm{e}^{i[k_m x - \omega t]} + c.c.\right\},$$ 其满足的边值问题如式(5.38)所示,

$$\nabla^2 \phi_{Bm1}^{R\ (2)} = 0, -h \leqslant z \leqslant 0 \tag{5.38a}$$

$$\phi_{Bm1\,tt}^{R\ (2)} + 2U\phi_{Bm1\,xt}^{R\ (2)} + U^2 \phi_{Bm1\,xx}^{R\ (2)} + g\phi_{Bm1\,z}^{R\ (2)} = -R, z = 0 \tag{5.38b}$$

$$\phi_{Bm1\,z}^{R\ (2)} = 0, z = -h \tag{5.38c}$$

(2) 用于匹配边值问题(式5.36)中自由水面齐次边界条件(式5.36b)的势函数项 $\phi_{Bm2}^{R\ (2)}(x,z,t) = \beta \sinh k_m(z+h)\left\{-\frac{i}{2}\,\mathrm{e}^{i[k_m x - \omega t]}\right\} + c.c.$,其满足的边值问题如式(5.39)所示,

$$\nabla^2 \phi_{Bm2}^{R\ (2)} = 0, -h \leqslant z \leqslant 0 \tag{5.39a}$$

$$\phi_{Bm2\,tt}^{R\ (2)} + 2U\phi_{Bm2\,xt}^{R\ (2)} + U^2 \phi_{Bm2\,xx}^{R\ (2)} + g\phi_{Bm2\,z}^{R\ (2)} = R, z = 0 \tag{5.39b}$$

$$\phi_{Bm2\,z}^{R\ (2)} = -\frac{gA_n b\, k_m k_n}{2(\omega - k_n U)\cosh k_n h}\left\{-\frac{i}{2}\,\mathrm{e}^{i[k_m x - \omega t]}\right\} + c.c.\,, z = -h \tag{5.39c}$$

以上两个边值问题(式5.38与式5.39)在自由水面边界处的非齐次项分别为 $-R$ 与 R,两者线性叠加之后的边值问题(式5.36)则为自由水面齐次边界条件。在求解过程中,首先对 $\phi_{Bm2}^{R\ (2)}(x,z,t)$ 所满足的边值问题(式5.39)进行求解,其势函数表达式中的未知量 β 可以通过其中的水底非齐次共振边界条件确定,

$$\beta = -\frac{gA_n b\, k_n}{2(\omega - k_n U)\cosh k_n h} \tag{5.40}$$

所以, $\phi_{Bm2}^{R\ (2)}(x,z,t)$ 的表达式为,

$$\phi_{Bm2}^{R\ (2)}(x,z,t) = -\frac{gA_n b\, k_n}{2(\omega - k_n U)\cosh k_n h}\sinh k_m(z+h)\left\{-\frac{i}{2}\,\mathrm{e}^{i[k_m x - \omega t]}\right\} + c.c. \tag{5.41}$$

将上述 $\phi_{Bm2}^{R\ (2)}(x,z,t)$ 的表达式(式5.41)代入其边值问题中的自由水面边界条件(式5.39b),得到其中非齐次项 R 的表达式,

$$R = -\frac{gA_n b\, k_n}{2(\omega - k_n U)\cosh k_n h}\left[g k_m \cosh k_m h - (\omega - k_m U)^2 \sinh k_m h\right]$$

$$\left\{-\frac{i}{2}\,\mathrm{e}^{i[k_m x - \omega t]}\right\} + c.c. \tag{5.42}$$

然后将所求出 R 的表达式代入 $\phi_{Bm1}^{R\ (2)}(x,z,t)$ 所满足边值问题(式5.38)的自由表面边界条件(式5.38b,该条件的非齐次项为 $-R$),并结合其边值问题的

水底齐次边界条件（式 5.38c）求解得到 $\phi_{Bm1}^{R\,(2)}(x,z,t)$ 势函数中系数 α 的表达式，

$$\alpha = \frac{A_n b(\omega - k_n U)}{4\sinh k_n h(\omega - k_m U)}[g k_m - (\omega - k_m U)^2 \tanh k_m h] \quad (5.43)$$

从而得到 $\phi_{Bm1}^{R\,(2)}(x,z,t)$ 的势函数解，

$$\phi_{Bm1}^{R\,(2)}(x,z,t) = \frac{A_n b(\omega - k_n U)}{4\sinh k_n h(\omega - k_m U)}[g k_m - (\omega - k_m U)^2 \tanh k_m h]$$

$$t\cosh k_m(z+h)\left\{\frac{1}{2}e^{i[k_m x - \omega t]}\right\} + c.c. \quad (5.44)$$

所以，经过以上过程的求解，得到基于波幅随时间线性增长的假设情况下，水底边界条件仅包含波数为 k_m 共振谐波成分非齐次项的边值问题势函数解 $\phi_{Bm}^{R\,(2)}(x,z,t)$ 的表达式，

$$\phi_{Bm}^{R\,(2)}(x,z,t) = \frac{A_n b(\omega - k_n U)}{4\sinh k_n h(\omega - k_m U)}[g k_m - (\omega - k_m U)^2 \tanh k_m h]$$

$$t\cosh k_m(z+h)\left\{\frac{1}{2}e^{i[k_m x - \omega t]}\right\} + c.c.$$

$$-\frac{g A_n b k_n}{2(\omega - k_n U)\cosh k_n h}\sinh k_m(z+h)\left\{-\frac{i}{2}e^{i[k_m x - \omega t]}\right\} + c.c. \quad (5.45)$$

式(5.45)中的第一项为三波共振相互作用下，波数为 k_m 的共振波成分振幅随时间线性增长的表达式；第二项则为共振波振幅的非增长项（Non-growth term）。

与 $\phi_{Bm}^{R\,(2)}(x,z,t)$ 相对应的波面函数 $\eta_{Bm}^{R\,(2)}(x,t)$ 如式(5.46)所示，

$$\eta_{Bm}^{R\,(2)}(x,t) = -\frac{1}{g}\left(\frac{\partial \phi_{Bm}^{R\,(2)}}{\partial t} + U\frac{\partial \phi_{Bm}^{R\,(2)}}{\partial x}\right)\bigg|_{z=0}$$

$$= \frac{A_n b k_m(\omega - k_n U)}{4\sinh k_n h \cosh k_n h}t\left\{-\frac{i}{2}e^{i[k_m x - \omega t]}\right\} + c.c. + \text{non-growth terms} \quad (5.46)$$

式(5.46)即为三波共振相互作用条件下，波数为 k_m 的共振波成分在水底边界条件相应非齐次共振项作用下的振幅随时间初始（线性）增长率表达式，该解仅适用于共振波波幅量级较小的变化阶段，即初始增长阶段；由于波幅值与时间变量线性相关，当波幅增长时间较长时，实际的共振波振幅非线性增长特征会偏离初始阶段的线性增长情况。

基于振幅的时间初始增长率，还可以求解共振波振幅的空间初始增长情况，根据共振波列的波能传播速度，共振波振幅空间初始增长率的表达式仅需在时

间初始增长率表达式的基础上对时间变量 t 进行替换而得到,时间与空间坐标的替换关系如式(5.47)所示,

$$t = \frac{x}{C_g} \tag{5.47}$$

其中,t 为时间坐标,x 为空间坐标,C_g 为共振波成分的波能速度,$C_g = d\omega/dk$。

此外,对于另一个参与三波共振相互作用的水面行进共振波成分(波数为 k_n)在水底边界条件非齐次项的强迫共振作用,其势函数 $\phi_{Bn}^{R\,(2)}(x,z,t)$ 所满足的边值问题为,

$$\nabla^2 \phi_{Bn}^{R\,(2)}(x,z,t) = 0, \quad -h \leqslant z \leqslant 0 \tag{5.48a}$$

$$\phi_{Bn\,tt}^{R\,(2)}(x,z,t) + 2U \phi_{Bn\,xt}^{R\,(2)}(x,z,t) + U^2 \phi_{Bn\,xx}^{R\,(2)}(x,z,t) + g \phi_{Bn\,z}^{R\,(2)}(x,z,t) = 0,$$
$$z = 0 \tag{5.48b}$$

$$\phi_{Bn\,z}^{R\,(2)}(x,z,t) = -\frac{g A_m k_m b(k_m - k_b)}{2(\omega - k_m U)\cosh k_m h} \left\{ -\frac{i}{2} e^{i[(k_m - k_b)x - \omega t]} \right\} + c.c.$$

$$= -\frac{g A_m b k_m k_n}{2(\omega - k_m U)\cosh k_m h} \left\{ -\frac{i}{2} e^{i[k_n x - \omega t]} \right\} + c.c., \quad z = -h \tag{5.48c}$$

对边值问题(式 5.48)的求解,与对波数为 k_m 的共振波成分在水底边界条件相应非齐次项作用下的振幅时空初始增长率的计算过程类似,求解得到的势函数 $\phi_{Bn}^{R\,(2)}(x,z,t)$ 与波面函数 $\eta_{Bn}^{R\,(2)}(x,t)$ 分别为,

$$\phi_{Bn}^{R\,(2)}(x,z,t) = \frac{A_m b(\omega - k_m U)}{4\sinh k_m h (\omega - k_n U)} [g k_n - (\omega - k_n U)^2 \tanh k_n h]$$

$$t\cosh k_n(z+h) \left\{ \frac{1}{2} e^{i[k_n x - \omega t]} \right\} + c.c.$$

$$-\frac{g A_m b k_m}{2(\omega - k_m U)\cosh k_m h} \sinh k_n(z+h) \left\{ -\frac{i}{2} e^{i[k_n x - \omega t]} \right\} + c.c. \tag{5.49}$$

$$\eta_{Bn}^{R\,(2)}(x,t) = -\frac{1}{g} \left(\frac{\partial \phi_{Bn}^{R\,(2)}}{\partial t} + U \frac{\partial \phi_{Bn}^{R\,(2)}}{\partial x} \right) \Big|_{z=0}$$

$$= \frac{A_m b k_n (\omega - k_m U)}{4\sinh k_m h \cosh k_n h} t \left\{ -\frac{i}{2} e^{i[k_n x - \omega t]} \right\} + c.c. + \text{non-growth terms} \tag{5.50}$$

5.3.7 二阶常规摄动中自由水面边界非齐次项作用的边值问题的波幅线性共振解

为了获得基于二阶摄动级数展开中自由水面非齐次项作用的边值问题的线

性波幅共振解,本小节对自由水面边界条件为非齐次共振项、水底边界条件为齐次项的边值问题进行求解。与 5.3.6 小节的求解过程类似,同样基于线性叠加原理,将自由水面非齐次边界条件中引发三波共振相互作用的两个波数分别为 k_m 与 k_n 的共振波成分项进行拆分,并在分别求解对应的子边值问题之后将相应的势函数解相加。对自由水面边界非齐次共振项作用的边值问题势函数解 $\phi_F^{R(2)}(x,z,t)$ 的分解如式(5.51)所示,

$$\phi_F^{R(2)}(x,z,t) = \phi_{Fm}^{R(2)}(x,z,t) + \phi_{Fn}^{R(2)}(x,z,t) \tag{5.51}$$

其中,$\phi_{Fm}^{R(2)}(x,z,t)$ 所满足的边值问题,其自由水面边界非齐次项仅包含波数为 k_m 的共振谐波成分;$\phi_{Fn}^{R(2)}(x,z,t)$ 所满足的边值问题,其自由水面边界非齐次项仅包含波数为 k_n 的共振谐波成分。

对于三波共振条件下波数为 k_m 的水面行进共振波成分在自由水面边界条件非齐次项中的强迫共振作用,该作用下的速度势函数解 $\phi_{Fm}^{R(2)}(x,z,t)$ 所满足的边值问题如式(5.52)所示,

$$\nabla^2 \phi_{Fm}^{R(2)}(x,z,t) = 0, -h \leqslant z \leqslant 0 \tag{5.52a}$$

$$\phi_{Fm\,tt}^{R(2)}(x,z,t) + 2U\phi_{Fm\,xt}^{R(2)}(x,z,t) + U^2 \phi_{Fm\,xx}^{R(2)}(x,z,t) + g\phi_{Fm\,z}^{R(2)}(x,z,t)$$

$$= P\left\{-\frac{i}{2}\mathrm{e}^{i[k_m x - \omega t]}\right\} + c.c., z = 0 \tag{5.52b}$$

$$\phi_{Fm\,z}^{R(2)}(x,z,t) = 0, z = -h \tag{5.52c}$$

其中,系数 P 的表达式见公式(5.52d),

$$P = \frac{Uk_b A_n b}{g\sinh k_b h - U^2 k_b \cosh k_b h} \left[\begin{array}{l} -\dfrac{gk_n}{\omega - k_n U}(-U^2 k_b \tanh k_n h + g)(\omega - k_m U) \\ +\dfrac{1}{2}\left(\dfrac{Ug^2 k_n^2(1-\tanh^2 k_n h)}{\omega - k_n U} - k_b(g^2 - U^4 k_b^2)\right) \end{array} \right]$$

$$\tag{5.52d}$$

对于三波共振相互作用条件下 $\phi_{Fm}^{R(2)}(x,z,t)$ 的边值问题(式 5.52),基于波幅随时间线性增长的假设,以及自由水面与水底边界条件,假定 $\phi_{Fm}^{R(2)}(x,z,t)$ 的结构如式(5.53)所示,

$$\phi_{Fm}^{R(2)}(x,z,t) = \gamma t \cosh k_m(z+h)\left\{\frac{1}{2}\mathrm{e}^{i[k_m x - \omega t]}\right\} + c.c. \tag{5.53}$$

式(5.53)代表波数为 k_m 的共振波成分在三波共振相互作用的波数条件 ($k_m - k_n = k_b$) 与相应的自由水面的强迫项作用(式 5.52b)下,振幅随时间的线性增长项,且满足水底处的齐次边界条件;其表达式中的未知量 γ 可以由自由水

面共振边界条件求出,并通过非齐次项 P 表示,

$$\gamma = \frac{P}{2(\omega - k_m U)\cosh k_m h} \quad (5.54)$$

所以,边值问题(式 5.52)的势函数解 $\phi_{Fm}^{R\,(2)}(x,z,t)$ 为,

$$\phi_{Fm}^{R\,(2)}(x,z,t) = t\,\frac{P}{2(\omega - k_m U)\cosh k_m h}\cosh k_m(z+h)\left\{-\frac{i}{2}\,\mathrm{e}^{i[k_m x - \omega t]}\right\} + \mathrm{c.c.} \quad (5.55)$$

与 $\phi_{Fm}^{R\,(2)}(x,z,t)$ 相对应的波面函数表达式 $\eta_{Fm}^{R\,(2)}(x,t)$ 为,

$$\eta_{Fm}^{R\,(2)}(x,t) = -\frac{1}{g}\left(\frac{\partial \phi_{Fm}^{R\,(2)}}{\partial t} + U\frac{\partial \phi_{Fm}^{R\,(2)}}{\partial x}\right)\bigg|_{z=0}$$

$$= -\frac{P}{2g}t\left\{-\frac{i}{2}\mathrm{e}^{i[k_m x - \omega t]}\right\} + \mathrm{c.c.} + \text{non-growth terms} \quad (5.56)$$

式(5.56)为三波共振相互作用条件下,波数为 k_m 的共振波成分在自由水面边界条件非齐次共振项作用下振幅随时间初始(线性)增长率表达式,该表达式同样仅适用于共振波波幅量级较小的初始增长阶段。其波面振幅空间初始增长率的共振解,同样通过在振幅时间初始增长率表达式的基础上对时间变量 t 进行 $t = x/C_g$ 的替换而得到。

此外,对于三波共振条件下波数为 k_n 的水面行进共振波成分在自由水面边界条件非齐次项中的强迫共振作用,其势函数 $\phi_{Fn}^{R\,(2)}(x,z,t)$ 所满足的边值问题为,

$$\nabla^2 \phi_{Fn}^{R\,(2)}(x,z,t) = 0, \quad -h \leqslant z \leqslant 0 \quad (5.57\mathrm{a})$$

$$\phi_{Fn\,tt}^{R\,(2)}(x,z,t) + 2U\phi_{Fn\,xt}^{R\,(2)}(x,z,t) + U^2\phi_{Fn\,xx}^{R\,(2)}(x,z,t) + g\phi_{Fn\,z}^{R\,(2)}(x,z,t)$$

$$= Q\left\{-\frac{i}{2}\mathrm{e}^{i[k_n x - \omega t]}\right\} + \mathrm{c.c.}, \quad z = 0 \quad (5.57\mathrm{b})$$

$$\phi_{Fn\,z}^{R\,(2)}(x,z,t) = 0, \quad z = -h \quad (5.57\mathrm{c})$$

其中,系数 Q 的表达式为,

$$Q = \frac{U k_b A_m b}{g \sinh k_b h - U^2 k_b \cosh k_b h}\left[\begin{array}{l} -\dfrac{g k_m}{\omega - k_m U}(U^2 k_b \tanh k_m h + g)(\omega - k_n U) \\ +\dfrac{1}{2}\left(\dfrac{U g^2 k_m^2 (1 - \tanh^2 k_m h)}{\omega - k_m U} + k_b(g^2 - U^4 k_b^2)\right) \end{array}\right]$$

$$(5.57\mathrm{d})$$

对边值问题(式 5.57)的求解,与对波数为 k_m 的共振波成分在水面边界条件

相应非齐次项作用下振幅时间初始增长率的计算过程类似,求解得到的势函数 $\phi_{Fn}^{R\,(2)}(x,z,t)$ 与波面函数 $\eta_{Fn}^{R\,(2)}(x,t)$ 分别为,

$$\phi_{Fn}^{R\,(2)}(x,z,t) = t\frac{Q}{2(\omega-k_n U)\cosh k_n h}\cosh k_n(z+h)\left\{-\frac{i}{2}\mathrm{e}^{i[k_n x-\omega t]}\right\}+\mathrm{c.c.} \tag{5.58a}$$

$$\eta_{Fn}^{R\,(2)}(x,t) = -\frac{1}{g}\left(\frac{\partial \phi_{Fn}^{R\,(2)}}{\partial t}+U\frac{\partial \phi_{Fn}^{R\,(2)}}{\partial x}\right)\bigg|_{z=0}$$
$$=-\frac{Q}{2g}t\left\{-\frac{i}{2}\mathrm{e}^{i[k_n x-\omega t]}\right\}+\mathrm{c.c.}+\text{non-growth terms} \tag{5.58b}$$

5.4 精确共振条件下基于多重尺度展开的奇异摄动解

在常规摄动级数展开的摄动分析过程中,出现了分母为零的奇异点,该奇异点对应于具有自由表面的恒定均匀流经过水底正弦起伏地形所存在的三波共振相互作用条件。由于波幅在共振条件下的空间与时间变化特征和波形本身传播的时间与空间特征不在一个尺度上,为了克服共振条件下常规摄动解失效的情况,求解共振波成分振幅时空分布解的非线性特征,本节运用基于多重尺度展开的奇异摄动分析对三波共振相互作用条件下的共振波振幅时空分布函数进行求解。

基于多重尺度展开的摄动分析,在自由水面波动速度势函数 $\phi(x,z,t)$ 与自由水面形态函数 $\eta(x,t)$ 的空间变量 x 与时间变量 t 的基础上,引入空间与时间的慢变坐标 $\bar{x}$ 与 $\bar{t}$,由于常规摄动分析时的奇异点出现在渐进级数的二阶项中(比主导的一阶项高一阶),所以慢变坐标的量阶也要比常规的时空变量高一阶,其表达式的定义如式(5.59)所示,

$$\bar{x}=\epsilon x, \bar{t}=\epsilon t \tag{5.59}$$

其中,引入慢变坐标的小量同样基于自由水面波动与水底地形起伏的波陡为同阶小量的假设,并以 ϵ 表示相应的波陡小量($\epsilon \ll 1$)。

5.4.1 具有慢变坐标的速度势函数边值问题的确定

在引入慢变坐标 $\bar{x}$ 与 $\bar{t}$ 后,自由水面波动速度势与自由水面形态将分别表示为含有慢变坐标的函数 $\phi(x,z,t,\bar{x},\bar{t})$ 与 $\eta(x,t,\bar{x},\bar{t})$。此时,对水面波动速度势与水面形态函数的摄动级数展开如式(5.60)所示,

$$\phi(x,z,t,\bar{x},\bar{t}) = \epsilon\phi^{(1)}(x,z,t,\bar{x},\bar{t}) + \epsilon^2\phi^{(2)}(x,z,t,\bar{x},\bar{t})$$
$$+\epsilon^3\phi^{(3)}(x,z,t,\bar{x},\bar{t}) + \cdots \tag{5.60a}$$

$$\eta(x,t,\overline{x},\overline{t}) = \epsilon \eta^{(1)}(x,t,\overline{x},\overline{t}) + \epsilon^2 \eta^{(2)}(x,t,\overline{x},\overline{t}) + \epsilon^3 \eta^{(3)}(x,t,\overline{x},\overline{t}) + \cdots \tag{5.60b}$$

其中，$()^{(m)}$，$m = 1,2,3,\cdots$，均表示量级为 $O(1)$ 的函数变量。由于引入的慢变坐标 $\overline{x}$ 与 $\overline{t}$ 增加了新的空间与时间变量，所以水面波动速度势与水面形态函数中含有对时间坐标与水平空间坐标偏导数或混合偏导数的表达式存在相应改变，具体如式(5.61a—e)所示，

$$\phi_t = \epsilon \phi_t^{(1)} + \epsilon^2 [\phi_t^{(2)} + \phi_{\overline{t}}^{(1)}] + \cdots, \eta_t = \epsilon \eta_t^{(1)} + \epsilon^2 [\eta_t^{(2)} + \eta_{\overline{t}}^{(1)}] + \cdots \tag{5.61a}$$

$$\phi_{tt} = \epsilon \phi_{tt}^{(1)} + \epsilon^2 [\phi_{tt}^{(2)} + 2\phi_{t\overline{t}}^{(1)}] + \cdots, \eta_{tt} = \epsilon \eta_{tt}^{(1)} + \epsilon^2 [\eta_{tt}^{(2)} + 2\eta_{t\overline{t}}^{(1)}] + \cdots \tag{5.61b}$$

$$\phi_x = \epsilon \phi_x^{(1)} + \epsilon^2 [\phi_x^{(2)} + \phi_{\overline{x}}^{(1)}] + \cdots, \eta_x = \epsilon \eta_x^{(1)} + \epsilon^2 [\eta_x^{(2)} + \eta_{\overline{x}}^{(1)}] + \cdots \tag{5.61c}$$

$$\phi_{xx} = \epsilon \phi_{xx}^{(1)} + \epsilon^2 [\phi_{xx}^{(2)} + 2\phi_{x\overline{x}}^{(1)}] + \cdots, \eta_{xx} = \epsilon \eta_{xx}^{(1)} + \epsilon^2 [\eta_{xx}^{(2)} + 2\eta_{x\overline{x}}^{(1)}] + \cdots \tag{5.61d}$$

$$\phi_{xt} = \epsilon \phi_{xt}^{(1)} + \epsilon^2 [\phi_{xt}^{(2)} + \phi_{x\overline{t}}^{(1)} + \phi_{\overline{x}t}^{(1)}] + \cdots, \eta_{xt} = \epsilon \eta_{xt}^{(1)}$$
$$+ \epsilon^2 [\eta_{xt}^{(2)} + \eta_{x\overline{t}}^{(1)} + \eta_{\overline{x}t}^{(1)}] + \cdots \tag{5.61e}$$

而水面扰动速度势函数与水面形态函数对垂向坐标的偏导数则保持不变，

$$\phi_z = \epsilon \phi_z^{(1)} + \epsilon^2 \phi_z^{(2)} + \cdots, \phi_{zz} = \epsilon \phi_{zz}^{(1)} + \epsilon^2 \phi_{zz}^{(2)} + \cdots \tag{5.61f}$$

与常规摄动类似，对恒定均匀水流经过水底正弦地形的非稳态边值问题(式 5.10)，首先分别对未知自由水面 $z = \eta(x,t)$ 与正弦起伏水底 $z = -h + \zeta(x)$ 处的边界条件在平均自由水面 $z = 0$ 与平均水底 $z = -h$ 处进行泰勒级数展开；然后将自由水面波动速度势 $\phi(x,z,t,\overline{x},\overline{t})$ 与自由水面形态函数 $\eta(x,t,\overline{x},\overline{t})$ 及相应偏导数的摄动级数展开式代入，得到基于多重尺度展开的各阶速度势函数与波面函数在平均自由水面与平均水底处的边值问题。

水面波动速度势函数 $\phi(x,z,t,\overline{x},\overline{t})$ 所满足的控制方程，如式(5.62a)所示(其中 H. O. T 表示高阶项，Higher-order terms)，

$$\phi_{xx} + \phi_{zz} = \epsilon [\phi_{xx}^{(1)} + \phi_{zz}^{(1)}] + \epsilon^2 [\phi_{xx}^{(2)} + 2\phi_{x\overline{x}}^{(1)} + \phi_{zz}^{(2)}] + \text{H. O. T.} = 0 \tag{5.62a}$$

平均水面 $z = 0$ 处的自由水面运动边界条件，如式(5.62b)所示，

$$\epsilon [\eta_t^{(1)} + U \eta_x^{(1)} - \phi_z^{(1)}] + \epsilon^2 [\eta_t^{(2)} + \eta_{\overline{t}}^{(1)} + U \eta_x^{(2)} + U \eta_{\overline{x}}^{(1)}$$
$$+ \phi_x^{(1)} \eta_x^{(1)} - \phi_z^{(2)} - \eta^{(1)} \phi_{zz}^{(1)}] + \text{H. O. T.} = 0 \tag{5.62b}$$

平均水面 $z=0$ 处的自由水面动力边界条件，如式(5.62c)所示，

$$\epsilon[\phi_t^{(1)}+U\phi_x^{(1)}+g\eta^{(1)}]+\epsilon^2\Big[\phi_t^{(2)}+\phi_{\bar{t}}^{(1)}+\eta^{(1)}\phi_{tz}^{(1)}+\frac{1}{2}\phi_x^{(1)}\phi_x^{(1)}+U\phi_x^{(2)}+$$

$$U\phi_{\bar{x}}^{(1)}+U\eta^{(1)}\phi_{xz}^{(1)}+\frac{1}{2}\phi_z^{(1)}\phi_z^{(1)}+g\eta^{(2)}\Big]+\text{H.O.T.}=0 \quad (5.62c)$$

平均水底 $z=-h$ 处的边界条件由于不包含对慢变坐标的求导，与常规摄动展开的情况一致，如式(5.62d)所示，

$$\epsilon\phi_z^{(1)}+\epsilon^2\phi_z^{(2)}+\epsilon^2\zeta\phi_{zz}^{(1)}+\cdots=\epsilon\zeta_x U+\epsilon^2\phi_x^{(1)}\zeta_x+\cdots \quad (5.62d)$$

通过对上述边值问题(式 5.62)根据量级进行逐阶归纳，同时合并各阶的自由水面动力与运动边界条件并约去水面形态函数 $\eta^{(m)}$，将相应的水面波动形态函数 $\eta^{(m)}$ 用对应量阶的扰动速度势函数 $\phi^{(m)}$ 来表示，然后从低至高阶对基于多重尺度展开的各阶边值问题逐阶进行求解。

5.4.2　基于多重尺度展开的各阶边值问题

通过对边值问题(式 5.62)根据量级进行逐阶归纳，得到经过多重尺度摄动展开并具有慢变坐标的一阶与二阶扰动速度势函数 $\phi^{(1)}(x,z,t,\bar{x},\bar{t})$，$\phi^{(2)}(x,z,t,\bar{x},\bar{t})$ 的边值问题，并得到相应的波面函数 $\eta^{(1)}(x,t,\bar{x},\bar{t})$，$\eta^{(2)}(x,t,\bar{x},\bar{t})$ 的表达式。

基于多重尺度展开的一阶 $O(\epsilon)$ 扰动速度势函数 $\phi^{(1)}(x,z,t,\bar{x},\bar{t})$ 所满足的边值问题与常规摄动展开的一阶边值问题一致，如式(5.63)所示，

$$\phi_{xx}^{(1)}+\phi_{zz}^{(1)}=0, -h\leqslant z\leqslant 0 \quad (5.63a)$$

$$\phi_{tt}^{(1)}+2U\phi_{xt}^{(1)}+U^2\phi_{xx}^{(1)}+g\phi_z^{(1)}=0, z=0 \quad (5.63b)$$

$$\phi_z^{(1)}=U\zeta_x, z=-h \quad (5.63c)$$

上述一阶边值问题在自由水面为齐次边界条件，同样基于三波共振相互作用的假设，其一阶水面波动速度势函数 $\phi^{(1)}(x,z,t,\bar{x},\bar{t})$ 具有与常规摄动级数展开的势函数解基本相同的形式，

$$\phi^{(1)}(x,z,t,\bar{x},\bar{t})=\frac{g}{\omega-k_m U}\frac{\cosh k_m(z+h)}{\cosh k_m h}\Big[-\frac{iA_m(\bar{x},\bar{t})}{2}e^{i(k_m x-\omega t)}\Big]+c.c.$$

$$+\frac{g}{\omega-k_n U}\frac{\cosh k_n(z+h)}{\cosh k_n h}\Big[-\frac{iA_n(\bar{x},\bar{t})}{2}e^{i(k_n x-\omega t)}\Big]+c.c.$$

$$+\frac{g\cosh k_b z+U^2 k_b\sinh k_b z}{g\sinh k_b h-U^2 k_b\cosh k_b h}Ub\Big[-\frac{i}{2}e^{ik_b x}\Big]+c.c. \quad (5.64)$$

式(5.64)中，两个水面自由波成分的复振幅 A_m 与 A_n 为空间与时间缓变坐标 $\bar{x}$ 与 $\bar{t}$ 的函数，$A_m = A_m(\bar{x},\bar{t})$，$A_n = A_n(\bar{x},\bar{t})$，其表示参与三波共振相互作用的水面行进共振波成分在共振条件下的振幅空间分布与时间演化特征。

一阶水面波动速度势函数 $\phi^{(1)}(x,z,t,\bar{x},\bar{t})$ 相对应的一阶波面函数 $\eta^{(1)}(x,t,\bar{x},\bar{t})$ 如式(5.65)所示，

$$\eta^{(1)}(x,t,\bar{x},\bar{t}) = -\frac{1}{g}\left[\phi_t^{(1)} + U\phi_x^{(1)}\right]\Big|_{z=0}$$

$$= \left[\frac{A_m(\bar{x},\bar{t})}{2}e^{i(k_m x - \omega t)} + c.c.\right] + \left[\frac{A_n(\bar{x},\bar{t})}{2}e^{i(k_n x - \omega t)} + c.c.\right]$$

$$-\frac{U^2 k_b b}{g\sinh k_b h - U^2 k_b \cosh k_b h}\left(\frac{1}{2}e^{ik_b x} + c.c.\right) \quad (5.65)$$

基于多重尺度展开的二阶 $O(\epsilon^2)$ 水面波动速度势函数 $\phi^{(2)}(x,z,t,\bar{x},\bar{t})$ 所满足的边值问题，根据量阶进行归纳后，如式(5.66)所示，

$$\phi_{xx}^{(2)} + \phi_{zz}^{(2)} = -2\phi_{x\bar{x}}^{(1)}, -h \leqslant z \leqslant 0 \quad (5.66a)$$

$$\phi_{tt}^{(2)} + 2U\phi_{xt}^{(2)} + U^2\phi_{xx}^{(2)} + g\phi_z^{(2)} = -2[\phi_{t\bar{t}}^{(1)} + U\phi_{x\bar{t}}^{(1)} + U\phi_{\bar{x}t}^{(1)} + U^2\phi_{x\bar{x}}^{(1)}]$$

$$-2[\phi_z^{(1)}(\phi_t^{(1)} + U\phi_x^{(1)})_z + \phi_x^{(1)}(\phi_t^{(1)} + U\phi_x^{(1)})_x]$$

$$+\frac{1}{g}(\phi_t^{(1)} + U\phi_x^{(1)})[\phi_{ttz}^{(1)} + 2U\phi_{xtz}^{(1)} + U^2\phi_{xxz}^{(1)} + g\phi_{zz}^{(1)}], z = 0 \quad (5.66b)$$

$$\phi_z^{(2)} = [\phi_x^{(1)}\zeta(x)]_x, z = -h \quad (5.66c)$$

二阶速度势函数 $\phi^{(2)}(x,z,t,\bar{x},\bar{t})$ 的边值问题(式 5.66)，其控制方程、自由水面边界条件、水底边界条件均包含非齐次项，为了求解该边值问题，首先需要将一阶速度势函数表达式代入二阶边值问题的非齐次项中，得到二阶边值问题的具体展开式。

对于二阶边值问题的控制方程，其具体展开形式如式(5.67)所示，

$$\phi_{xx}^{(2)} + \phi_{zz}^{(2)} = -2\phi_{x\bar{x}}^{(1)} =$$

$$-\frac{g k_m}{\omega - k_m U}\frac{\cosh k_m(z+h)}{\cosh k_m h}A_{m\bar{x}}(\bar{x},\bar{t})e^{i(k_m x - \omega t)} + c.c.$$

$$-\frac{g k_n}{\omega - k_n U}\frac{\cosh k_n(z+h)}{\cosh k_n h}A_{n\bar{x}}(\bar{x},\bar{t})e^{i(k_n x - \omega t)} + c.c., -h \leqslant z \leqslant 0$$

$$(5.67)$$

对于二阶边值问题的自由水面边界条件，其展开后的非齐次项与常规摄动

展开中的情况类似,包含两个水面自由波成分的倍频项、水面稳形波成分的倍频项(仅波数值翻倍)、两个水面自由波分别与稳形波的和频与差频项;但增加了波幅函数对慢变坐标的时空偏导项。由于自由水面边界条件非齐次项中包含 k_m-k_b 与 k_n+k_b 波数成分的项(即波数为 k_n 与 k_m 项)可以满足三波共振相互作用条件($k_m-k_n=k_b$)与波流共存情况下的频散关系,并参与共振相互作用,所以为了通过多重尺度展开分析中三波共振条件下参与共振相互作用的水面自由波成分的振幅特征,以下的解析过程在二阶自由水面边界条件的非齐次项中只保留波数为 k_m 与 k_n 谐波成分的共振项。具体的二阶自由水面边界条件如式(5.68)所示(未参与三波共振相互作用的非共振项用 Non-resonant terms 表示),

$$\phi_{tt}^{(2)} + 2U\phi_{xt}^{(2)} + U^2\phi_{xx}^{(2)} + g\phi_z^{(2)} =$$

$$+ g(A_{m\bar{t}} + UA_{m\bar{x}})\,\mathrm{e}^{i(k_m x - \omega t)} + c.c. + \frac{1}{2}\frac{Uk_b b}{\mathbb{D}}\mathbb{M}[-iA_n\,\mathrm{e}^{i(k_m x - \omega t)}] + c.c.$$

$$+ g(A_{n\bar{t}} + UA_{n\bar{x}})\,\mathrm{e}^{i(k_n x - \omega t)} + c.c. + \frac{1}{2}\frac{Uk_b b}{\mathbb{D}}\mathbb{N}[-iA_m\,\mathrm{e}^{i(k_n x - \omega t)}] + c.c.$$

$$+ \text{Non-resonant terms}, z = 0 \qquad (5.68)$$

其中的系数 $\mathbb{M}$,$\mathbb{N}$ 与 $\mathbb{D}$ 分别为,

$$\mathbb{M} = \left\{ \begin{array}{l} gk_n\dfrac{\omega-(k_n+k_b)U}{\omega-k_nU}(U^2\,k_b\tanh k_nh - g) \\ +\dfrac{1}{2}\left[\dfrac{Ug^2\,k_n^2}{\omega-k_nU}\dfrac{1}{\cosh^2 k_nh} + k_b(U^4\,k_b^2 - g^2)\right] \end{array} \right\} \qquad (5.69)$$

$$\mathbb{N} = \left\{ \begin{array}{l} -gk_m\dfrac{\omega-(k_m-k_b)U}{\omega-k_mU}(U^2\,k_b\tanh k_mh + g) \\ +\dfrac{1}{2}\left[\dfrac{Ug^2\,k_m^2}{\omega-k_mU}\dfrac{1}{\cosh^2 k_mh} - k_b(U^4\,k_b^2 - g^2)\right] \end{array} \right\} \qquad (5.70)$$

$$\mathbb{D} = g\sinh k_bh - U^2\,k_b\cosh k_bh \qquad (5.71)$$

二阶边值问题的水底边界条件与常规摄动展开类似,在此同样仅保留满足三波共振相互作用条件的共振项,如式(5.72)所示,

$$\phi_z^{(2)} = -\frac{gk_mk_nb}{4(\omega-k_mU)\cosh k_mh}[-iA_m\,\mathrm{e}^{i(k_n x - \omega t)}] + c.c.$$

$$-\frac{gk_mk_nb}{4(\omega-k_nU)\cosh k_nh}[-iA_n\,\mathrm{e}^{i(k_m x - \omega t)}] + c.c., z = -h \qquad (5.72)$$

至此,本书得到基于多重尺度摄动展开的二阶水面波动速度势函数 $\phi^{(2)}(x,$

$z,t,\overline{x},\overline{t}$)所满足的边值问题,5.4.3 小节将对该边值问题(式 5.67~5.72)进行具体求解。

5.4.3 基于多重尺度展开的二阶边值问题可解性条件及求解

对于二阶速度势函数 $\phi^{(2)}(x,z,t,\overline{x},\overline{t})$ 多满足的边值问题,其控制方程、水面与水底边界条件均包含非齐次项;由于控制方程中非齐次项的存在,使得该边值问题并不能基于拉普拉斯方程的线性叠加原理对其进行拆分求解;所以本小节将利用可解性条件(Solvability condition)增加求解条件,以得到共振波振幅时空分布函数所满足的方程。

首先将二阶速度势函数 $\phi^{(2)}(x,z,t,\overline{x},\overline{t})$ 改写为式(5.73)的形式,将普通尺度上周期变化的时间和空间项与其他项分离表达,

$$\phi^{(2)}(x,z,t,\overline{x},\overline{t}) = \gamma_m(z,\overline{x},\overline{t})\,\mathrm{e}^{i(k_m x - \omega t)} + c.c. + \gamma_n(z,\overline{x},\overline{t})\,\mathrm{e}^{i(k_n x - \omega t)} + c.c. \tag{5.73}$$

式(5.73)中,γ_m 与 γ_n 分别为波数 k_m 与 k_n 的共振波成分所对应的慢变时空坐标与垂向坐标的未知函数项,通过将式(5.73)的势函数结构式代入二阶速度势函数 $\phi^{(2)}(x,z,t,\overline{x},\overline{t})$ 所满足的边值问题(式 5.66)中控制方程与各边界条件的左侧项,具体的展开见式(5.74),

$$\phi^{(2)}_{xx} + \phi^{(2)}_{zz} = (\gamma_{mzz} - k_m^2 \gamma_m)\,\mathrm{e}^{i(k_m x - \omega t)} + c.c.$$
$$+ (\gamma_{nzz} - k_n^2 \gamma_n)\,\mathrm{e}^{i(k_n x - \omega t)} + c.c.\,, -h \leqslant z \leqslant 0 \tag{5.74a}$$

$$\phi^{(2)}_{tt} + 2U\phi^{(2)}_{xt} + U^2\phi^{(2)}_{xx} + g\phi^{(2)}_z =$$
$$(-\omega^2 \gamma_m + 2U k_m \omega \gamma_m - U^2 k_m^2 \gamma_m + g\gamma_{mz})\,\mathrm{e}^{i(k_m x - \omega t)} + c.c.$$
$$+ (-\omega^2 \gamma_n + 2U k_n \omega \gamma_n - U^2 k_n^2 \gamma_n + g\gamma_{nz})\,\mathrm{e}^{i(k_n x - \omega t)} + c.c.\,, z = 0 \tag{5.74b}$$

$$\phi^{(2)}_z = \gamma_{mz}\,\mathrm{e}^{i(k_m x - \omega t)} + c.c. + \gamma_{nz}\,\mathrm{e}^{i(k_n x - \omega t)} + c.c.\,, z = -h \tag{5.74c}$$

然后通过将式(5.74)的控制方程与边界条件中对应于 $\mathrm{e}^{i(k_m x - \omega t)}$ 与 $\mathrm{e}^{i(k_n x - \omega t)}$ 这两个波数成分的项(分别包含 γ_m 与 γ_n 的项)和同样对应于 $\mathrm{e}^{i(k_m x - \omega t)}$ 与 $\mathrm{e}^{i(k_n x - \omega t)}$ 这两个波数成分的控制方程(式 5.67)、自由水面边界条件(式 5.68 - 5.71)与水底边界条件(式 5.72)的非齐次项进行匹配,分别得到函数 $\gamma_m(z,\overline{x},\overline{t})$ 与 $\gamma_n(z,\overline{x},\overline{t})$ 所满足的边值问题。

对于函数 $\gamma_m(z,\overline{x},\overline{t})$,其边值问题如式(5.75)所示,

$$\gamma_{m_{zz}} - k_m^2 \gamma_m = H(z,\overline{x},\overline{t})(-h \leqslant z \leqslant 0) \tag{5.75a}$$

$$-\frac{(\omega-k_m U)^2}{g}\gamma_m + \gamma_{m_z} = f(\overline{x},\overline{t})(z=0) \tag{5.75b}$$

$$\gamma_{mz} = q(\overline{x},\overline{t})(z=-h) \tag{5.75c}$$

式(5.75)中，函数 $H(z,\overline{x},\overline{t})$、$f(\overline{x},\overline{t})$ 与 $q(\overline{x},\overline{t})$ 分别为控制方程、自由水面边界条件与水底边界条件的非齐次强迫项，具体见式(5.76)，

$$H(z,\overline{x},\overline{t}) = -\frac{g k_m}{\omega-k_m U}\frac{\cosh k_m(z+h)}{\cosh k_m h}A_{m\overline{x}} \tag{5.76a}$$

$$f(\overline{x},\overline{t}) = A_{m\overline{t}} + U A_{m\overline{x}} - i\frac{A_n b U k_b}{2Dg}\mathbb{M} \tag{5.76b}$$

$$q(\overline{x},\overline{t}) = i\frac{g k_m k_n b}{4(\omega-k_n U)\cosh k_n h}A_n \tag{5.76c}$$

对于函数 $\gamma_n(z,\overline{x},\overline{t})$，其边值问题如式(5.77)所示，

$$\gamma_{n_{zz}} - k_n^2 \gamma_n = -\frac{g k_n}{\omega-k_n U}\frac{\cosh k_n(z+h)}{\cosh k_n h}A_{n\overline{x}}(-h \leqslant z \leqslant 0) \tag{5.77a}$$

$$-\frac{(\omega-k_n U)^2}{g}\gamma_n + \gamma_{n_z} = A_{n\overline{t}} + U A_{n\overline{x}} - i\frac{A_m b U k_b}{2Dg}\mathbb{N}(z=0) \tag{5.77b}$$

$$\gamma_{n_z} = i\frac{g k_m k_n b}{4(\omega-k_m U)\cosh k_m h}A_m(z=-h) \tag{5.77c}$$

对于 γ_m 与 γ_n 所满足的边值问题，可以通过可解性条件进行求解。该条件适用于齐次边值问题具有一个或多个特征方程(Eigenfunction)的非齐次边值问题；基于弗雷德霍姆二择一定理(Fredholm Alternatives)[73]，除了对任意强迫项的非齐次边值问题具有唯一解的情况之外，当且仅当非齐次问题的非齐次强迫项(Forcing terms)与所对应齐次问题的特征解正交(Orthogonal)，该非齐次问题可解。

对于函数 $\gamma_m(z,\overline{x},\overline{t})$ 所满足的边值问题(式5.75与式5.76)，其对应的齐次边值问题如式(5.78)所示，

$$-\frac{(\omega+k_m U)^2}{g}\psi + \psi_z = 0(z=0) \tag{5.78a}$$

$$\psi_{zz} - k_m^2\psi = 0(-h \leqslant z \leqslant 0) \tag{5.78b}$$

$$\psi_z = 0(z=-h) \tag{5.78c}$$

其中，$\psi(z)$ 表示以上齐次边值问题(式5.78)的特征解，该特征解可以直接解出，如式(5.79)所示，

$$\psi(z) = \cosh k_m(z+h) \tag{5.79}$$

然后基于可解性条件的正交特性以及格林第二定理,该可解性条件可以表达为,

$$\int_{-h}^{0} (\gamma_{mzz} - k_m^2 \gamma_m)\psi(z)\mathrm{d}z = \int_{-h}^{0} H(z,\bar{x},\bar{t})\psi(z)\mathrm{d}z \tag{5.80}$$

积分式(5.80)中左侧项的推导计算过程如下,

$$\int_{-h}^{0} (\gamma_{mzz} - k_m^2 \gamma_m)\psi(z)\mathrm{d}z = \int_{-h}^{0} (\gamma_{mzz}\psi - k_m^2 \gamma_m\psi)\mathrm{d}z = \int_{-h}^{0} (\gamma_{mzz}\psi - \psi_{zz}\gamma_m)\mathrm{d}z$$

$$= [\gamma_{mz}\psi - \psi_z\gamma_m]_{-h}^{0} - \int_{-h}^{0} (\gamma_{mz}\psi_z - \psi_z\gamma_{mz})\mathrm{d}z = [\gamma_{mz}\psi - \psi_z\gamma_m]_{-h}^{0}$$

$$= (\gamma_{mz}\psi - \psi_z\gamma_m)|_{z=0} - (\gamma_{mz}\psi - \psi_z\gamma_m)|_{z=-h}$$

$$= \left[\left(f + \frac{(\omega - k_m U)^2}{g}\gamma_m\right)\psi - \frac{(\omega - k_m U)^2}{g}\psi\gamma_m\right]\bigg|_{z=0} - q\psi|_{z=-h}$$

$$= f\psi|_{z=0} - q\psi|_{z=-h} = \left(A_{m\bar{t}} + UA_{m\bar{x}} - i\frac{A_n bUk_b}{2Dg}\mathbb{M}\right)\cosh k_m h$$

$$\quad - i\frac{gk_m k_n b}{4(\omega - k_n U)\cosh k_n h}A_n \tag{5.81}$$

积分式(5.80)中的右侧项为,

$$\int_{-h}^{0} H(z,\bar{x},\bar{t})\psi(z)\mathrm{d}z = \int_{-h}^{0} -\frac{gk_m A_{m\bar{x}}}{\omega - k_m U}\frac{\cosh k_m(z+h)}{\cosh k_m h}\cosh k_m(z+h)\mathrm{d}z$$

$$= -A_{m\bar{x}}\frac{\omega - k_m U}{k_m}\frac{1}{2}\left(1 + \frac{2k_m h}{\sinh 2k_m h}\right)\cosh k_m h \tag{5.82}$$

通过将积分式(5.80)中左侧项与右侧项的推导结果(式 5.81 与式 5.82)分别代入原积分式(5.80)的等号两侧,便可以得到函数 $\gamma_m(z,\bar{x},\bar{t})$ 的可解性条件,如式(5.83)所示,

$$\left[A_{m\bar{t}} + C_{mg}A_{m\bar{x}} - i\frac{A_n bUk_b}{2Dg}\mathbb{M}\right]\cosh k_m h = i\frac{gk_m k_n b}{4(\omega - k_n U)\cosh k_n h}A_n \tag{5.83}$$

其中,C_{mg} 为流速为 U 的波流共存条件下波数为 k_m 波成分的波能速度值,

$$C_{mg} = \frac{\omega - k_m U}{k_m}\frac{1}{2}\left(1 + \frac{2k_m h}{\sinh 2k_m h}\right) + U \tag{5.84}$$

类似的,对于另一个参与三波共振相互作用的波成分 k_n,其波成分对应函

数 $\gamma_n(z,\bar{x},\bar{t})$ 的可解性条件为,

$$\left[A_{n\bar{t}} + C_{ng} A_{n\bar{x}} - i\frac{A_m b U k_b}{2Dg}\mathbb{N}\right]\cosh k_n h = i\frac{g k_m k_n b}{4(\omega - k_m U)\cosh k_m h}A_m \tag{5.85}$$

其中,与 C_{mg} 类似,C_{ng} 为流速为 U 的波流共存条件下波数为 k_n 的波成分的波能速度值,

$$C_{ng} = \frac{\omega - k_n U}{k_n}\frac{1}{2}\left(1 + \frac{2k_n h}{\sinh 2k_n h}\right) + U \tag{5.86}$$

由于上述两个可解性条件(式 5.83 与式 5.85)均包含待求解波幅函数 $A_m(\bar{x},\bar{t})$ 与 $A_n(\bar{x},\bar{t})$ 的表达式,所以这两个可解性条件将作为波幅函数 $A_m(\bar{x},\bar{t})$ 与 $A_n(\bar{x},\bar{t})$ 的耦合方程组进行联立求解,

$$A_{m\bar{t}} + C_{mg} A_{m\bar{x}} = i A_n \mathbb{P} \tag{5.87a}$$

$$A_{n\bar{t}} + C_{ng} A_{n\bar{x}} = i A_m \mathbb{Q} \tag{5.87b}$$

上述耦合方程组(式 5.87)中的系数 $\mathbb{P}$ 与 $\mathbb{Q}$ 分别为,

$$\mathbb{P} = \left[\frac{gb\,k_m k_n}{4(\omega - k_n U)\cosh k_m h \cosh k_n h} + \frac{Ub\,k_b}{2Dg}\mathbb{M}\right] \tag{5.88a}$$

$$\mathbb{Q} = \left[\frac{gb\,k_m k_n}{4(\omega - k_m U)\cosh k_m h \cosh k_n h} + \frac{Ub\,k_b}{2Dg}\mathbb{N}\right] \tag{5.88b}$$

通过以上的推导分析过程,得到了波幅函数 A_m 与 A_n 所满足的耦合方程组表达式,由于推导中缓变空间与时间坐标 $\bar{x}$ 与 $\bar{t}$ 的表达目的是区别与明确多重尺度摄动展开过程中各项的量级,所以在后续对共振波幅函数的空间分布与时间演化特征求解的过程中,为了简化表述,将略去耦合方程组中对空间与时间坐标的缓变表达(即略去变量的上标 ⁻ 表示),简化后的耦合方程组表达如式(5.89)所示,

$$\frac{\partial A_m(x,t)}{\partial t} + C_{mg}\frac{\partial A_m(x,t)}{\partial x} = i A_n(x,t) \mathbb{P} \tag{5.89a}$$

$$\frac{\partial A_n(x,t)}{\partial t} + C_{ng}\frac{\partial A_n(x,t)}{\partial x} = i A_m(x,t) \mathbb{Q} \tag{5.89b}$$

通过将上述耦合方程(式 5.89)中进行解耦,分别得到波幅函数 A_m 与 A_n 所满足的方程,

$$\frac{\partial^2 A_m(x,t)}{\partial t^2} + (C_{mg} + C_{ng})\frac{\partial^2 A_m(x,t)}{\partial x \partial t} + C_{mg} C_{ng}\frac{\partial^2 A_m(x,t)}{\partial x^2}$$

$$+ \mathbb{PQ} \, A_m(x,t) = 0 \qquad (5.90\mathrm{a})$$

$$\frac{\partial^2 A_n(x,t)}{\partial t^2} + (C_{mg} + C_{ng}) \frac{\partial^2 A_n(x,t)}{\partial x \partial t} + C_{mg} C_{ng} \frac{\partial^2 A_n(x,t)}{\partial x^2} + \mathbb{PQ} \, A_n(x,t) = 0 \qquad (5.90\mathrm{b})$$

式(5.90)即为基于多重尺度展开摄动解析得到的共振波波幅函数 A_m 与 A_n 所满足的方程,接下来便可以分别对共振波振幅的时间与空间分布情况开展更进一步的分析和探讨。

5.5 基于多重尺度展开的共振波振幅时空分布方程

为了对5.4节推导得到的波幅函数 $A_m(x,t)$ 与 $A_n(x,t)$ 所满足的方程进行具体求解,需要对方程(式5.90)进行分情况解析,具体而言,即分别考虑波幅的稳态空间分布情况、以及波幅仅随时间演化的情况。对于波幅的稳态空间分布情况,求解时则忽略方程(式5.90)中的时间偏导项及时间变量,并基于有限长度正弦地形情况的边界条件进行具体求解;对于波幅的时间演化情况,求解时则忽略方程(式5.90)中的空间偏导项及空间变量,并基于无限长度正弦地形情况的初始条件进行具体求解。上述两个情况将在5.5.1与5.5.2小节分别进行具体讨论。

5.5.1 有限长度水底正弦地形上部的共振波振幅空间分布方程

对于有限长度的水底正弦地形,在考虑水流与水底正弦起伏地形的三波共振相互作用条件下,自由水面共振波成分的振幅空间分布将通过波幅的稳态方程进行求解。该稳态振幅空间分布函数 $A_m(x)$ 与 $A_n(x)$ 所满足的方程通过将5.4.3节共振波振幅耦合方程(式5.90)中的时间变量与对时间的偏导数略去得到,

$$\frac{d^2 A_m(x)}{d x^2} + \frac{\mathbb{PQ}}{C_{mg} C_{ng}} A_m(x) = 0 \qquad (5.91\mathrm{a})$$

$$\frac{d^2 A_n(x)}{d x^2} + \frac{\mathbb{PQ}}{C_{mg} C_{ng}} A_n(x) = 0 \qquad (5.91\mathrm{b})$$

对总长度为 L 的有限长度水底正弦起伏地形,求解上述方程(式5.91)的边界条件包含两类情况,一类为共振波成分在起伏地形段边界处的振幅值,另一类为共振波振幅空间分布函数在起伏地形段边界处的一阶空间导数值。根据共振波振幅耦合方程(式5.89)的稳态形式,共振波成分振幅空间分布函数的一阶空间导数值与另一共振波成分的振幅函数值成正比,

$$\frac{dA_m(x)}{dx} = i\frac{A_n(x)\mathbb{P}}{C_{mg}} \tag{5.92a}$$

$$\frac{dA_n(x)}{dx} = i\frac{A_m(x)\mathbb{Q}}{C_{ng}} \tag{5.92b}$$

以共振波振幅的稳态空间分布函数 $A_m(x)$ 为例,求解其满足的二阶常微分方程(式 5.91a)需要两个边界条件,这两个边界条件将根据实际共振波的波要素特征与边界情况从式(5.93)的四个边界条件中进行选取,

(1) $\qquad A_m(x=0)$ \hfill (5.93a)

(2) $\qquad A_m(x=L)$ \hfill (5.93b)

(3) $\qquad dA_m(x=0)/dx = iA_n(x=0)\mathbb{P}/C_{mg}$ \hfill (5.93c)

(4) $\qquad dA_m(x=L)/dx = iA_n(x=L)\mathbb{P}/C_{mg}$ \hfill (5.93d)

为了简化表达,令系数 θ 为,

$$\theta = \sqrt{-\frac{\mathbb{P}\mathbb{Q}}{C_{mg}C_{ng}}} \tag{5.94}$$

则稳态振幅空间分布函数 $A_m(x)$ 与 $A_n(x)$ 所满足的方程可以简化表示为,

$$\frac{d^2 A_m(x)}{dx^2} = \theta^2 A_m(x) \tag{5.95a}$$

$$\frac{d^2 A_n(x)}{dx^2} = \theta^2 A_n(x) \tag{5.95b}$$

式(5.95)中,如果 $(\mathbb{P}\mathbb{Q})/(C_{mg}C_{ng}) < 0$,则系数 θ 为实数,共振波稳态振幅空间分布函数 $A_m(x)$ 与 $A_n(x)$ 的解具有双曲正弦或双曲余弦函数的形式(共振波稳态振幅在空间为指数分布形式);如果 $(\mathbb{P}\mathbb{Q})/(C_{mg}C_{ng}) > 0$,则系数 θ 为虚数,共振波稳态振幅空间分布函数 $A_m(x)$ 与 $A_n(x)$ 的解具有正弦或余弦函数的形式(共振波稳态振幅在空间为周期分布形式)。

5.5.2 无限长度水底正弦地形上部的共振波振幅时间演化方程

对于无限长度的水底正弦地形(地形向两端无限延伸),在考虑水流与水底正弦起伏地形的三波共振相互作用条件下,自由水面共振波振幅随时间的变化特征将通过波幅的时间演化方程进行求解。振幅时间演化函数 $A_m(t)$ 与 $A_n(t)$ 所满足的方程通过将 5.4 节共振波振幅耦合方程(式 5.90)中的空间变量与对空间的偏导数略去得到,

$$\frac{d^2 A_m(t)}{dt^2} + \mathbb{P}\mathbb{Q}\, A_m(t) = 0 \qquad (5.96\text{a})$$

$$\frac{d^2 A_n(t)}{dt^2} + \mathbb{P}\mathbb{Q}\, A_n(t) = 0 \qquad (5.96\text{b})$$

在无限长正弦地形的情况下,求解上述方程(式 5.96)的初始条件也包含两类,一类为共振波成分在初始状态下的振幅值,另一类为初始状态下共振波振幅的一阶时间导数值。根据共振波振幅耦合方程(式 5.89)的时变形式(仅含时间变量与时间导数),共振波成分振幅时间演化函数的一阶时间导数值与另一共振波成分的振幅函数值成正比,

$$\frac{d A_m(t)}{dt} = i A_n(t)\,\mathbb{P} \qquad (5.97\text{a})$$

$$\frac{d A_n(t)}{dt} = i A_m(t)\,\mathbb{Q} \qquad (5.97\text{b})$$

以共振波振幅的时间演化函数 $A_m(t)$ 为例,求解其满足的二阶常微分方程(式 5.96a)需要的两个初始条件如下,

(1) $\qquad\qquad\qquad A_m(t=0) \qquad\qquad\qquad (5.98\text{a})$

(2) $\qquad\qquad d A_m(t=0)/dt = i A_n(t=0)\,\mathbb{P} \qquad (5.98\text{b})$

为了简化表达,令系数 δ 为,

$$\delta = \sqrt{\mathbb{P}\mathbb{Q}} \qquad (5.99)$$

则振幅时间演化函数 $A_m(t)$ 与 $A_n(t)$ 所满足的方程可以表示为,

$$\frac{d^2 A_m(t)}{dt^2} = \delta^2 A_m(t) \qquad (5.100\text{a})$$

$$\frac{d^2 A_n(t)}{dt^2} = \delta^2 A_n(t) \qquad (5.100\text{b})$$

其中,如果 $\mathbb{P}\mathbb{Q} < 0$,则系数 δ 为实数,共振波振幅时间演化函数 $A_m(t)$ 与 $A_n(t)$ 的解具有双曲正弦或双曲余弦函数的形式(共振波振幅在时间为指数分布形式,振幅随时间迅速增加直至无穷大,表现出波成分出现不稳定的振幅指数增加现象);如果 $\mathbb{P}\mathbb{Q} > 0$,则系数 θ 为虚数,共振波振幅时间演化函数 $A_m(t)$ 与 $A_n(t)$ 的解具有正弦或余弦函数的形式(共振波振幅随时间周期变化,振幅在其演化时间尺度上的最大值不随时间增长,波能仅在发生共振相互作用波成分之间交换,始终表现出稳定的状态)。

到目前为止,本书第四章的分析明确了逆流行进波产生于考虑水流与水底

正弦地形的三波共振相互作用中一个特殊的共振组合,即第二类三波共振解的共振组合(6)。在此基础上,本章前半部分阐述了该三波共振相互作用条件下的摄动理论解析工作,接下来将对逆流行进波在正弦地形上部的成长机制展开进一步分析,探讨对于在三波共振相互作用组合(6)的条件下所产生的逆流行进波,其波成分的能量来源、波幅成长特征与机制。

5.6 共振波成分的稳定性特征分析

由于水槽实验中观测到了逆流行进波产生条件下波形的剧烈激发特征,以及水底正弦地形上部水面波动振幅向上游方向的显著增加,那么逆流行进波的波形在特定三波共振相互作用组合条件下的形成,是由于波成分本身在此共振条件下就会发生不稳定的情况,从其他参与共振作用的波成分不断获得能量从而迅速成长,还是由于该共振条件下所存在的其他原因所致,该问题需要首先进行明确。本小节通过基于多重尺度摄动展开得到的共振波振幅时间演化特征判别式来分析逆流行进波的波成分在其三波共振相互作用条件下的稳定性特征,并探讨波形的能量来源。

对于逆流行进波波成分的稳定性分析,利用基于多重尺度展开摄动分析所得到的振幅时间演化函数 $A_m(t)$ 与 $A_n(t)$ 所满足的方程(式 5.96),通过该方程中系数 $\mathbb{PQ}$ 的符号来判断共振波成分振幅的时间演化特性与稳定性特征;具体而言,当 $\mathbb{PQ} < 0$,共振波振幅的时间演化函数解具有随时间指数增大的双曲正(余)弦函数形式,由于波幅随时间快速的指数增长,共振波成分呈现出振幅的显著增加与不稳定特征;而当 $\mathbb{PQ} > 0$,共振波振幅的时间演化函数解具有最大振幅值保持不变的周期正(余)弦函数形式,波幅随时间简谐变化,参与共振相互作用的波成分之间呈现能量的往复交换,整体上保持稳定。

共振波振幅时间演化方程中系数 $\mathbb{PQ}$ 的表达式详见式(5.88),在具体的计算过程中,通过将水槽实验中产生逆流行进波组次的地形、水流条件参数以及基于实验波要素测量并分析得到的参与三波共振相互作用波成分的波数与波频率参数代入系数 $\mathbb{PQ}$ 的表达式,从而对共振波成分的稳定性特征进行计算与分析。

以地形波陡 0.192、相对水深 0.8、弗劳德数 0.30 的实验组次为例,该组次条件下产生逆流行进波的水动力条件与波要素参数分别为:断面平均流速 $U = 0.411\ 7$ m/s、水深 $h = 0.192$ m、水底地形波数 $k_b = 26.18$、地形振幅 $b = 0.023$ m、波频率 $\omega = 4.620\ 6$、波数 $k_1 = -6.359\ 6$、波数 $k_2 = -31.415\ 4$;将以上参数代入 $\mathbb{PQ}$ 的表达式,通过计算得出 $\mathbb{PQ} = 0.001\ 7 > 0$,表明该水槽实验组次下所产生逆流行进波的波成分随时间简谐变化并呈现稳定的特征,其他实验组次均通过计算表明波成分随时间变化的稳定性。

在将各实验组次条件进行参数代入判断的基础上,为了进一步明确在逆流行进波产生所对应三波共振相互作用组合(6)的参数范围内不同弗劳德数 F 与水底无量纲波数 m_b 情况下共振波成分的时间稳定性特征,本书选取共振组合(6)中部分参数范围内的算例点(弗劳德数 0.1～0.7,间隔 0.02;无量纲波数 2～9,间隔 0.2),对其中各弗劳德数 F 与无量纲地形波数 m_b 条件下满足以上组合条件的共振波成分的无量纲波数与频率(m_i、m_j 与 τ)代入 $\mathbb{P}\mathbb{Q}$ 的无量纲化表达式进行计算。原有 $\mathbb{P}$ 与 $\mathbb{Q}$ 表达式的量纲为 $\sqrt{g/h}$,其无量纲形式的表达式 $\widetilde{\mathbb{P}}$ 与 $\widetilde{\mathbb{Q}}$ 分别为,

$$\widetilde{\mathbb{P}} = \frac{b' m_i m_j}{4(\tau - m_j F)\cosh m_i \cosh m_j}$$

$$+ \frac{b' F m_b}{2(\sinh m_b - F^2 m_b \cosh m_b)} \left\{ \begin{array}{l} m_j \dfrac{\tau - m_i F}{\tau - m_j F}(F^2 m_b \tanh m_j - 1) \\ + \dfrac{1}{2}\left[\dfrac{F m_j^2}{(\tau - m_j F)\cosh^2 m_j} + m_b(F^4 m_b^2 - 1)\right] \end{array} \right\}$$

(5.101a)

$$\widetilde{\mathbb{Q}} = \frac{b' m_i m_j}{4(\tau - m_i F)\cosh m_i \cosh m_j}$$

$$+ \frac{b' F m_b}{2(\sinh m_b - F^2 m_b \cosh m_b)} \left\{ \begin{array}{l} -m_i \dfrac{\tau - m_j F}{\tau - m_i F}(F^2 m_b \tanh m_i + 1) \\ + \dfrac{1}{2}\left[\dfrac{F m_i^2}{(\tau - m_i F)\cosh^2 m_i} - m_b(F^4 m_b^2 - 1)\right] \end{array} \right\}$$

(5.101b)

式(5.101)中的无量纲参数分别为:$\widetilde{\mathbb{P}} = \mathbb{P}\sqrt{h/g}$,$\widetilde{\mathbb{Q}} = \mathbb{Q}\sqrt{h/g}$,$b' = b/h$,$\tau = \omega\sqrt{h/g}$,$m_i = k_i h$,$m_j = k_j h$,$m_b = k_b h$,$F = U/\sqrt{gh}$。

通过上述计算得到三波共振组合(6)范围内的算例点中各弗劳德数 F 与无量纲地形波数 m_b 条件下共振波成分的时间稳定性特征,如图 5.9 所示。图中对第二类三波共振相互作用组合(6)的参数范围内所设置的算例点,如果算例点条件下所计算得到的判别参数 $\widetilde{\mathbb{P}}\widetilde{\mathbb{Q}} < 0$,波成分呈现时间不稳定特征,则通过星号"＊"标注;如果计算得到的判别参数 $\widetilde{\mathbb{P}}\widetilde{\mathbb{Q}} > 0$,波成分呈现时间稳定特征,则通过圆点"·"表示。

从图 5.2 中可以看出,在三波共振相互作用组合(6)的弗劳德数与无量纲地形波数的参数范围内,参与共振相互作用的水面行进共振波成分均呈现随时间

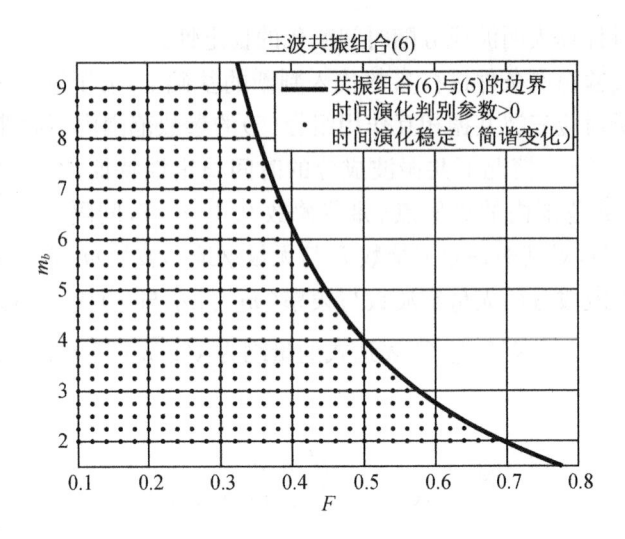

图 5.2 三波共振组合(6)参数范围内共振波时间稳定性判别系数 $\tilde{\mathbb{P}}\tilde{\mathbb{Q}}$ 的特征分布

简谐变化的稳定特征,而非指数形式的变化;这表明对于引发逆流行进波的三波共振相互作用组合(6),参与共振的水面行进波成分在随时间演化的过程中并不会发生通常意义上所认为的不稳定特征;所以引发逆流行进波在正弦地形上部显著增长的原因存在于非时间演化特征方面的机制。

5.7 波幅的稳态空间分布特征分析

通过 5.6 节所明确的逆流行进波波成分在时间演化上的稳定性,说明该波形在其所满足的三波共振相互作用条件下,振幅值并不随时间指数增长,而是呈现简谐变化的时间稳定特征,排除了逆流行进波的成长与时间演化不稳定性之间的关系。

除了时间演化特征分析,本小节将从共振波振幅的空间分布层面,对逆流行进波波成分的稳态振幅空间分布特征进行分析。因为通过水槽实验观测(3.3.2 小节)发现,在逆流行进波的产生过程中,正弦地形上部呈现出稳定的振幅空间分布特征。对波幅空间分布特征的分析有助于了解逆流行进波在正弦地形上部从下游侧的水面微小波动成长为水面明显的规则波形的部分原因。

对共振波稳态振幅空间分布特征的计算,利用基于多重尺度展开摄动分析所得到的稳态振幅空间分布函数 $A_m(x)$ 与 $A_n(x)$ 所满足的方程(式 5.91),通过该方程中系数 $(\mathbb{PQ})/(C_{mg} C_{ng})$ 的符号来判断有限长度水底正弦地形上部共振波稳态振幅的空间分布特征;具体来说,当 $(\mathbb{PQ})/(C_{mg} C_{ng}) < 0$,共振波稳态振幅空间分布函数解具有空间指数分布的双曲正(余)弦函数形式;而当

$(\mathbb{PQ})/(C_{mg} C_{ng}) > 0$，共振波稳态振幅空间分布函数解具有空间简谐变化的正（余）弦函数形式。

稳态振幅空间分布函数方程中的系数 $\mathbb{P}$、$\mathbb{Q}$ 详见式(5.88)，C_{mg} 与 C_{ng} 详见式(5.84)与式(5.86)，将水槽实验中产生逆流行进波组次的地形、水流条件参数以及基于实验波要素测量并分析得到的参与三波共振相互作用波成分的波数与波频率参数代入系数 $(\mathbb{PQ})/(C_{mg} C_{ng})$ 的表达式计算，即可通过其符号进行判断。在此同样以地形波陡 0.192、相对水深 0.8、弗劳德数 0.30 的实验组次为例，同 5.6 节中的参数条件，通过代入计算得到的 $(\mathbb{PQ})/(C_{mg} C_{ng}) = -0.032\ 3 < 0$，表明该实验组次下所产生逆流行进波的波成分振幅在有限长度水底正弦地形上部具有指数分布的特征。

扩展到三波共振组合(6)的情况，为了明确该共振组合中不同弗劳德数 F 与水底无量纲波数 m_b 的条件所对应的共振波波幅稳态空间分布特征，同样选取共振组合(6)部分参数范围内的算例点（同 5.6 节的算例点情况），将其中各弗劳德数 F 与无量纲地形波数 m_b 条件下满足三波共振相互作用的共振波无量纲波要素（m_i、m_j 与 τ）代入无量纲化后的 $(\mathbb{PQ})/(C_{mg} C_{ng})$ 表达式进行计算，其中 $\mathbb{P}$ 与 $\mathbb{Q}$ 表达式的无量纲形式 $\widetilde{\mathbb{P}}$ 与 $\widetilde{\mathbb{Q}}$ 在 5.6 节给出(式 5.101)，且原表达式 $\mathbb{P}$ 与 $\mathbb{Q}$ 的量纲为 $\sqrt{g/h}$；参与三波共振相互作用的两个水面行进共振波成分的波能速度 C_{mg} 与 C_{ng}，量纲为 $\sqrt{gh}$，其无量纲形式的表达式分别为，

$$\widetilde{C_{mg}} = F + \frac{\tau - m_i F}{m_i} \frac{1}{2}\left(1 + \frac{2 m_i}{\sinh 2 m_i}\right) \tag{5.102a}$$

$$\widetilde{C_{ng}} = F + \frac{\tau - m_j F}{m_j} \frac{1}{2}\left(1 + \frac{2 m_j}{\sinh 2 m_j}\right) \tag{5.102b}$$

式(5.102)中，$\widetilde{C_{mg}} = C_{mg}/\sqrt{gh}$，$\widetilde{C_{ng}} = C_{ng}/\sqrt{gh}$，$\tau = \omega \sqrt{h/g}$，$m_i = k_i h$，$m_j = k_j h$，$F = U/\sqrt{gh}$。

对于三波共振组合(6)范围内不同弗劳德数 F 与无量纲地形波数 m_b 条件的算例点，其共振波成分的稳态振幅空间分布特征，如图 5.3 所示。如果在图 5.3 的算例点条件下计算得到的 $(\widetilde{\mathbb{P}}\ \widetilde{\mathbb{Q}})/(\widetilde{C_{mg}}\ \widetilde{C_{ng}}) < 0$，则通过星号"＊"标注，表示该水流与地形条件下的共振组合(6)中的共振波稳态振幅在正弦地形上部空间为指数形式分布；如果所计算的 $(\widetilde{\mathbb{P}}\ \widetilde{\mathbb{Q}})/(\widetilde{C_{mg}}\ \widetilde{C_{ng}}) > 0$，则通过圆点"•"标注，表示共振波稳态振幅在地形上部为简谐形式分布。

图 5.3 表明，在逆流行进波产生所属三波共振相互作用条件第二类解的共振组合(6)的范围内，共振波的振幅在有限长度水底正弦起伏地形上部的空间稳态分布具有指数变化形式，说明逆流行进波的波成分在水底正弦地形上部向上

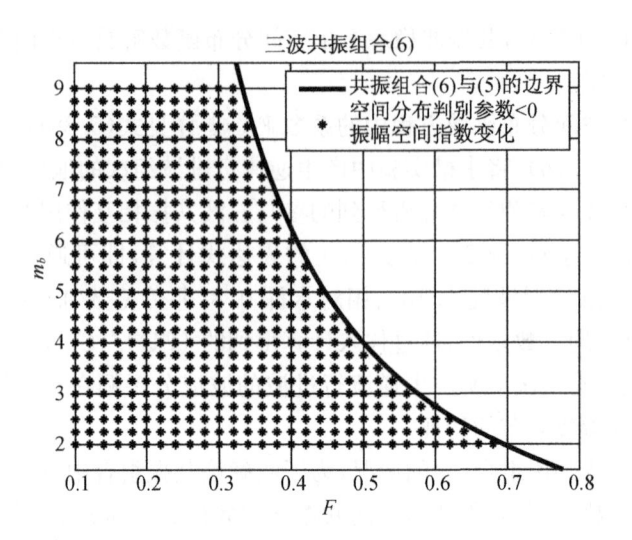

图 5.3 三波共振组合(6)参数范围内共振波稳态振幅空间分布特征判别系数的分布

游方向的成长过程中呈现指数形式的增加。

通过本小节的探讨，虽然逆流行进波的波成分在其所满足的共振组合中呈现时间稳定特征，但该共振波成分的波幅稳态空间分布呈现指数变化特征，这从波幅稳态空间分布的定性层面说明了逆流行进波波幅在正弦地形上部空间的成长特征与原因，接下来便是同样基于理论解析结果，从定量的角度对逆流行进波波成分的稳态振幅空间分布情况进行具体的量值计算和比较。

5.8 波幅稳态空间分布理论解与水槽实验结果的比较

在 5.7 节对逆流行进波所属共振组合条件下的共振波振幅稳态空间指数分布特征分析的基础上，为了定量求解有限长度水底正弦地形上部的共振波稳态振幅空间分布函数 $A_m(x)$ 与 $A_n(x)$，首先对稳态振幅空间分布函数所满足的方程(式 5.91)，将其在逆流行进波所对应的三波共振相互作用组合(6)条件下的方程形式列出，如式(5.103)所示，

$$\frac{d^2 A_1(x)}{dx^2} = \theta^2 A_1(x) \tag{5.103a}$$

$$\frac{d^2 A_2(x)}{dx^2} = \theta^2 A_2(x) \tag{5.103b}$$

式(5.103)中，系数 $\theta = \sqrt{-\dfrac{\mathbb{PQ}}{C_{1g}C_{2g}}}$，$A_1(x)$ 与 C_{1g} 分别为逆流行进波所属波数为 k_1 的共振波成分在参与相应三波共振相互作用情况下的振幅稳态空间

分布函数与波能速度，$A_2(x)$与C_{2g}则分别为参与三波共振相互作用的另一个波数为k_2的水面行进波成分的振幅稳态空间分布函数与波能速度。由于这两个水面共振行进波成分具有相同的频率，所以在与水槽实验中正弦地形上部谱峰振幅空间分布的对比中，需要同时考虑两者的振幅。

为了求解稳态振幅空间分布函数$A_1(x)$与$A_2(x)$的具体表达式，对总长为L的水底正弦地形段，需要明确式(5.4)在正弦地形段上部空间的边界条件，即稳态振幅空间分布函数$A_1(x)$与$A_2(x)$在正弦地形段的上游端边界($x=0$)或下游端边界($x=L$)处所满足的条件，如5.5.1小节中的式(5.93)所述。

由于逆流行进波在水底正弦地形上部从下游向上游的逆流方向成长与传播，使得在求解共振波逆流成长特征的过程中，正弦地形上游端的波形振幅为未知待求解的量值。所以，对于式(5.103)的边界条件，在本小节的求解过程中假设参与三波共振相互作用的两个水面行进波成分的振幅值$A_1(x)$与$A_2(x)$仅在正弦地形段的下游端($x=L$)处可知，为简化表达，令$A_1(L)=a_1$,$A_2(L)=a_2$。

对于地形下游端a_1与a_2的取值，需要基于假设分析结合实验测量结果给定，因为逆流行进波所属的波数为k_1的共振波成分在$x=L$的边界处还未通过三波共振相互作用产生与成长，故在此令地形下游端边界$x=L$处k_1波成分的振幅a_1为零；对波数为k_2的共振波成分在正弦地形下游端$x=L$边界处的振幅a_2，将水槽实验中正弦地形段下游端B17测点所测量到的水面波动情况作为参考依据，对该测点位置处测量的水面波动时序列，通过其时序列频谱中识别出的共振波频率，将此频率所对应的波成分振幅值a作为k_2共振波成分在地形下游端边界处振幅a_2的取值。

此外，根据式(5.92)还可得到共振波成分振幅空间分布函数的一阶空间导数条件，

$$\frac{dA_1(x)}{dx} = i\frac{A_2(x)\mathbb{P}}{C_{1g}} \quad (5.104a)$$

$$\frac{dA_2(x)}{dx} = i\frac{A_1(x)\mathbb{Q}}{C_{2g}} \quad (5.104b)$$

根据式(5.104)，通过在正弦地形下游端边界处($x=L$)给定的振幅值$A_1(L)=a_1=0$与$A_2(L)=a_2$，便可求得稳态振幅空间函数在地形下游端处的导数值$A_{2x}(L)$与$A_{1x}(L)$。

所以，对于水底正弦起伏地形上部的稳态振幅空间分布函数$A_1(x)$，其待求解方程(式5.104a)所满足的边界条件为，

$$A_1(L) = 0, (x=L) \quad (5.105a)$$

$$\left.\frac{dA_1(x)}{dx}\right|_{x=L} = i\frac{A_2(L)\mathbb{P}}{C_{1g}} = i\frac{a_2\mathbb{P}}{C_{1g}}, (x=L) \quad (5.105b)$$

根据式(5.105)的边界条件求解得到的稳态振幅空间分布函数$A_1(x)$的表达式为,

$$A_1(x) = i\frac{a_2\mathbb{P}}{\theta C_{1g}}\sinh\theta(x-L) \quad (5.106)$$

式(5.106)中的振幅$A_1(x)$为虚数,最终计算的振幅值采用对A_1取幅值,即通过$|A_1|$表示。

对于水底正弦起伏地形上部的稳态振幅空间分布函数$A_2(x)$,其待求解方程所满足的边界条件为,

$$A_2(L) = a_2, (x=L) \quad (5.107a)$$

$$\left.\frac{dA_2(x)}{dx}\right|_{x=L} = i\frac{A_1(L)\mathbb{Q}}{C_{2g}} = 0, (x=L) \quad (5.107b)$$

根据上述边界条件求解得到的稳态振幅空间分布函数$A_2(x)$的表达式为,

$$A_2(x) = a_2\cosh\theta(x-L) \quad (5.108)$$

式(5.108)中的振幅$A_2(x)$虽然为实数,但振幅函数的计算结果主要为复数形式,对于其幅值的计算,为简化与统一表达,下文中的振幅分布函数$A_1(x)$与$A_2(x)$均表示取模之后的量值,如式(5.109)所示,

$$A_1(x) = |A_1(x)| = \left|i\frac{a_2\mathbb{P}}{\theta C_{1g}}\sinh\theta(x-L)\right| \quad (5.109a)$$

$$A_2(x) = |A_2(x)| = |a_2\cosh\theta(x-L)| \quad (5.109b)$$

基于以上求解得到的共振波成分稳态振幅空间分布函数$A_1(x)$与$A_2(x)$的表达式,本书根据水槽实验代表性组次中所测量的水面波动振幅在水底正弦地形上部的空间分布情况,与解析得到的共振波振幅稳态空间分布函数进行对比分析。

在此选取水底地形波陡为0.192、相对水深为0.8的实验条件,并选择其中产生波形振幅最大的流速条件组次(弗劳德数F为0.30)。选择该实验组次的结果进行对比是因为其水底地形波陡最小且水深较大,相应的水底正弦起伏地形的非线性影响在所有实验组次中最小,实测波要素与理论值的相符情况好,这与解析过程中水底波陡为小量的假设更为接近。该实验组次对应的断面平均流速值$U=0.4117$ m/s,水深$h=0.192$ m,水底地形波数$k_b=26.18$、地形振幅$b=0.023$ m、地形段长度在此选取水槽正弦地形上部B1与B17测点的间距$L=$

1.92 m(以便于和实测结果比较);实测逆流行进波的圆频率 $\omega=4.620\,6$,相应满足三波共振组合(6)的水面共振波成分的波数值分别为 $k_1=-6.359\,6$,$k_2=-31.415\,4$;在正弦地形段下游端 B17 测点所测量到的水面波动时序列中,波频率 ω 所对应波成分的振幅值 a 为 $3.564\,7\times10^{-4}$ m,则 k_2 波成分在 $x=L$ 处的初始扰动振幅值 $a_2=a=3.564\,7\times10^{-4}$ m。通过将以上参数代入稳态振幅空间分布函数的表达式进行计算,得到共振波成分稳态振幅空间分布 $A_1(x)$、$A_2(x)$,并得到两个同频率共振波成分的振幅值之和 $A(x)=A_1(x)+A_2(x)$ 的空间分布,如图 5.4 所示。

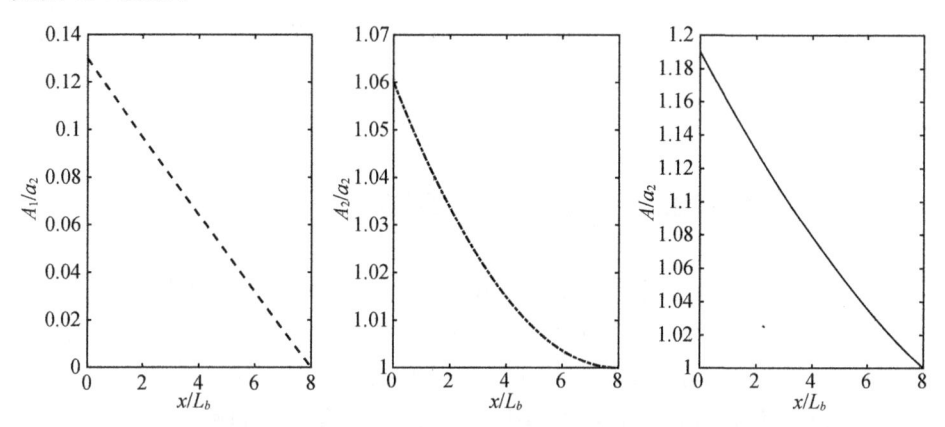

图 5.4 参与三波共振相互作用的水面共振波成分 k_1 与 k_2 的稳态振幅空间分布函数 $A_1(x)$ 与 $A_2(x)$ 的理论解,以及两者振幅之和 $A(x)$ 的空间分布(基于地形波陡 0.192,相对水深 0.8,弗劳德数 0.30 的实验组次条件与参数)

从图 5.4 可以看出,对于当前理论解的计算结果,作为波数 k_1 的逆流行进波成分,在总长 1.92 m 的水底连续正弦地形空间范围内,其稳态振幅函数 $A_1(x)$ 的量值仅在 $x=0$ 处增长为地形下游端扰动振幅值 a_2 的 13%;对波数为 k_2 的水面共振波成分,在正弦地形段上游端振幅 $A_2(0)$ 的理论计算结果仅为其扰动振幅值 a_2 的 1.06 倍;对于两个共振波的振幅之和 $A(x)$,其也仅增长至振幅值 a_2 的 1.19 倍。所以基于当前参数条件的理论解计算结果并未呈现出振幅在正弦地形上部空间的显著增长,而在该组次的水槽实验中,水底正弦地形上部的水面实测谱峰振幅值从其下游端的 $a=3.564\,7\times10^{-4}$ m 最高增长至 $2.958\,5\times10^{-3}$ m,为初始扰动振幅值的 8.3 倍。

从目前的解析与实测结果对比情况而言,基于示例实验组次中正弦地形上部平均水深 h、平均水深条件下的断面平均流速 U、实测的波频率及相应满足三波共振相互作用条件的共振波成分波数值,通过多重尺度展开摄动分析得到的共振波振幅稳态空间分布函数在以上参数条件下的计算结果,并未呈现出共振波成分振幅在正弦地形上部的显著增加,与实验测量结果相比明显偏小。

虽然目前的理论计算与实验测量结果之间存在差异,但通过对偏差原因的分析,本书认为上述比较中所呈现的差异反映出以下两个方面的情况:(1)上述理论解与实测结果的对比分析中,代入理论解的实验组次参数条件,特别是其中的水流条件存在明显偏差,因为水槽实验中正弦起伏地形的波高值较大,使得地形上部实际的流速条件明显偏离(大于)上述理论解计算时所代入的平均水深条件下的断面平均流速值。(2)水槽实验中逆流行进波振幅在正弦地形上部的显著成长原因还存在着更加复杂的机制,有待进一步对波幅稳态空间分布解的特性进行研究。所以接下来的5.9与5.10小节将分别从上述两个方面,针对水槽实验中正弦地形上部的流速特征,以及共振波稳态振幅空间分布解对水流条件的敏感性进行更深入的分析,从而进一步探讨逆流行进波在水底正弦起伏地形上部的成长机制。

5.9 水槽实验中地形上部的流速特征推算

在基于多重尺度展开的共振波振幅稳态空间分布理论解的计算中,代入理论解表达式的流速值 U 为水底正弦地形段平均水深 h 条件下所对应的断面平均流速(本书后续的分析中用U_a表示),水深值也为水底正弦地形段的平均水深 h,以上水流条件在理论解公式中的代入是因为摄动解析的过程中假设自由水面波动与水底正弦地形起伏的波陡为小量,所以代入计算的水深与流速值在具有微小起伏的水底正弦地形上部可以通过平均水深 h 与平均水深条件下的断面平均流速U_a来表示。

而本书所开展的系列水槽实验为了激发出相对明显的逆流行进波,设置了较大波陡的水底正弦地形,加之逆流行进波产生于较小的水深条件,使得水槽实验中水底正弦地形上部的实际流速特征远比解析理论中的恒定均匀流情况复杂。由于实际水槽实验中的地形条件与理论解析假设的区别,使得基于水面与水底微幅假设将平均水深 h 以及平均水深条件下的断面平均流速参数U_a代入理论解计算的共振波振幅空间分布特征,与水槽实验的实测结果之间存在明显差异。

虽然理论推导过程中存在微幅假设限制,但结合实际水槽实验的情况对代入解析理论计算的流速条件进行修正,能够进一步分析理论解在更贴近实际水槽实验水流条件下的计算结果,以解释基于平均水深条件的断面平均流速参数的共振波稳态振幅空间分布理论计算结果与水槽实验实测情况存在差异的原因,并探讨水槽实验中逆流行进波成分在水底正弦地形上部波幅显著增长的机制。

对水槽实验中正弦地形上部的实际流速情况,首先通过正弦地形上部的过流断面进行推算(由于本书在水槽实验阶段的设备限制,未能实现逆流行进波激发时正弦地形上部整体流场的测量)。对正弦地形上部的流场,由于地形波峰上部水深与过流断面的减小,使得经过地形波峰上部位置的水流流速比平均水深条件下的断面平均流速U_a相应增大;而正弦地形的波谷上部虽然存在水深与过流断面的增加,但由于水流的惯性作用,流速降低的区域更多局限于地形波谷附近位置的流场。为了解水底正弦地形波峰上部由于过流断面减小导致的断面平均流速增长情况,对水槽实验中各水底地形波陡与相对水深条件的组次,将地形波峰上部的断面平均流速U_p相比于地形上部平均水深条件的断面平均流速U_a增长的百分比列出,如表5.1所示。

表5.1 水槽实验正弦地形波峰上部的断面平均流速U_p与平均水深条件下的断面平均流速U_a比值

地形波陡\相对水深	0.5	0.6	0.7	0.8	0.9	1.0
0.192	23.7%	19.0%	15.9%	13.6%		
0.221	28.3%	22.6%	18.7%	16.0%	14.0%	
0.254		26.9%	22.2%	18.9%	16.4%	
0.333		38.5%	31.3%	26.3%	22.7%	20.0%

从表5.1可以看出,对于水槽实验中水底正弦地形波峰上部的断面平均流速值U_p,与原有代入理论解计算的平均水深条件下的断面平均流速U_a相比,其增大范围在13.6%~38.5%之间;这表明实验条件下水底正弦地形波峰上部的过流断面减小会明显增加地形上部的流速。

以水底地形波陡0.192、相对水深0.8、弗劳德数0.30的实验组次为例,该组次条件下正弦地形上部的平均水深h为0.192 m,地形振幅b为0.023 m,平均水深情况下的断面平均流速U_a=0.411 7 m/s;则水底地形波峰上部的水深$(h-b)$为0.169 m。在此定义正弦地形波峰上部的断面平均流速U_p与平均水深h条件下断面平均流速U_a的比值为ξ_p,其中$\xi_p = h/(h-b)$,故通过过流断面推算的正弦地形波峰上部的断面平均流速U_p=0.467 8 m/s。

此外,通过实验率定阶段对水槽中水平流速垂向剖面的测量,由于实际流场中的水平流速垂向分布呈现对数分布形态(如图2.8所示),使得接近自由水面处的流速值略高于断面平均流速值;当地形上游侧流速呈对数分布的剪切流经过较大振幅的水底正弦地形时,由于过流断面的急剧减小以及地形波峰形态对水流的挤压作用,使得原有流速剖面的水流会以更大的流速值经过正弦地形上部,导致地形上部的实际流速值高于之前所推算的水底地形波峰上部的断面平均流速U_p。

对于水槽实验中接近自由水面处的流速值与断面平均流速值的关系,通过各组次实验中在水底正弦地形段上游侧1.5 m与4.0 m处布设的旋桨流速仪测点,测量自由水面以下0.2倍平均水深处的流速值(以U_f表示),将其与相应的断面垂向平均流速进行对比。在此选取各相对水深与地形波陡条件中产生最大逆流行进波振幅的流速条件组次,将其中测量的近水面流速值U_f与相应断面平均流速的比值ξ_f列于表5.2。

表5.2 各相对水深h/L_b与地形波陡h_b条件下产生最大逆流行进波振幅的实验组次中,近水面流速值U_f与相应断面平均流速的比值ξ_f

h/L_b \ h_b	0.192	0.221	0.254	0.333
0.5	1.143 9	1.117 4		
0.6	1.089 7	1.062 9	1.061 8	1.000 7
0.7	1.068 4	1.046 8	1.057 5	1.000 7
0.8	1.062 2	1.046 1	1.066 0	1.047 4
0.9				1.118 1

从表5.2可以看出,在各相对水深与地形波陡条件下,其中产生最剧烈波幅实验组次中的近水面流速均大于相应的断面平均流速,其比值主要在1.00~1.14的范围内,这表明由于入流的流速垂向对数剖面分布特征,使得进入水底正弦地形段的水流在自由水面附近的流速相对于该地形位置处的断面平均流速更高,从而导致地形上部的实际近水面流速高于水底地形波峰上部的断面平均流速U_p。

在此针对水底地形波陡0.192、相对水深0.8、弗劳德数0.30的示例实验组次,将其地形上游侧位置处的近水面流速值U_f与相应断面平均流速U_a的比值ξ_f ($\xi_f=1.062\ 2$),与基于过流断面推算的正弦地形波峰上部的断面平均流速U_p ($U_p=0.467\ 8$ m/s)相乘,进一步推算该实验组次中正弦地形波峰上部的近水面流速值$U_{pf}=U_p\xi_f=0.496\ 9$ m/s。

总的来说,本小节对水槽实验中正弦地形上部的流速特征,分别从过流断面与流速剖面这两个角度进行分析与推算,发现正弦地形上部的流速值要明显高于地形上游侧的断面平均流速值,其中的原因不仅包括水流经过正弦地形波峰时过流断面的减小,还与实际流场中水平流速垂向分布形态的影响有关,水槽中具有对数分布形态的水流垂向流速分布使得接近自由水面处的流速大于断面垂向平均流速值,从而让经过正弦地形波峰的流速条件被进一步放大。

上述的推算分析也从另一个角度表明,水流条件可能对正弦地形上部的逆流行进波成长特性存在较大影响,所以需要通过共振波振幅稳态空间分布理论解对水流条件的影响特性进行分析,即分析波幅稳态空间分布解对水流条件变化的敏感性,探讨逆流行进波在水底正弦地形上部的成长特性与机制。

5.10 共振波振幅空间分布解的敏感性分析及成长机制讨论

对于引发逆流行进波的三波共振组合,基于两个波数分别为k_1与k_2的共振波成分在$x=L$处的边界条件,共振波在总长度为L的水底正弦地形上部的稳态振幅空间分布函数$A_1(x)$与$A_2(x)$的表达式见5.8小节的式(5.109)。

由于实测波幅为正弦地形上部各空间位置点处的波面时序列中对应于逆流行进波频率的波成分振幅值,其同时包含了同频率的k_1与k_2波成分的振幅,所以将共振波振幅值$A_1(x)$与$A_2(x)$的表达式之和$A(x)$,与水槽实验实测的波幅空间分布情况进行对比,同时分析共振波振幅理论解对水流条件变化的敏感性。

为了分析正弦地形上部成长的波幅值对水流条件变化的敏感性,本小节考虑共振波成分k_1与k_2在$x=0$处的波幅函数值之和$A(0)$,该位置处的振幅已经历总长度为L的水底正弦地形段的增长过程,如式(5.110)所示,

$$A(0) = |A_1(0)| + |A_2(0)| = \left| \frac{a_2 \mathbb{P}}{\theta C_{1g}} \sinh\theta L \right| + |a_2 \cosh\theta L| \quad (5.110)$$

式(5.110)中,θ、$\mathbb{P}$与C_{1g}的表达式分别见公式5.94、5.88a与5.84,仍然假定k_2共振波成分在$x=L$处的振幅量值a_2为水槽正弦地形段下游端B17测点的水面波动中具有相应频率的波成分振幅a。

在通过式(5.110)对波幅值的空间成长随水流条件变化的敏感性特征分析的过程中,为了与实测结果进行对比,本小节仍然选取水槽实验中水底正弦地形边界条件非线性影响最小的实验组次作为示例组次(水底地形波陡0.192、相对水深0.8、弗劳德数0.30)。从4.5小节的逆流行进波实测波要素与理论三波共振相互作用条件的对比可以看出,该组次条件在所有实验组次中最接近摄动理论分析的假设。其中,对示例组次中的水面波动频率特征,在此将水底正弦地形上游侧测点与地形上部测点水面波动时序列的谱峰频率空间分布绘制如图5.5所示。

从图5.5可以看出,在产生水面逆流行进波的示例实验组次条件下,水底正弦地形上游侧的三对测点(U1—U6)与地形上部的所有测点(B1—B17)的谱峰频率均保持一致,各测点实测的无量纲谱峰频率τ为0.6464,与满足三波共振条件的理论无量纲频率值0.6306接近,这说明包括逆流行进波在内的共振波

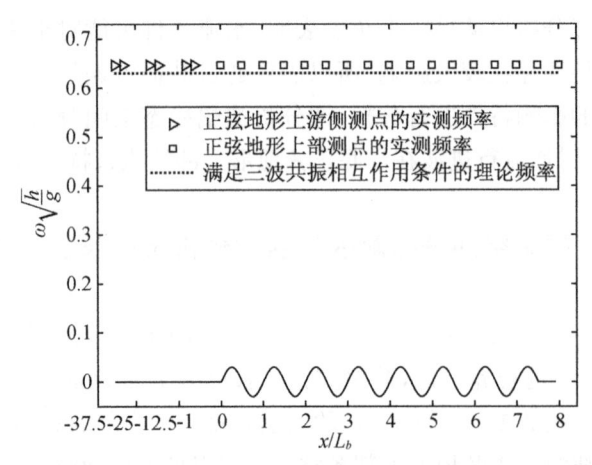

图 5.5 正弦地形上游侧测点与地形上部测点的无量纲谱峰频率空间分布
（地形波陡 0.192、相对水深 0.8、弗劳德数 0.30 的实验组次）

成分一旦在其对应的三波共振相互作用条件下产生，不论是在流速与水深空间分布不均匀的正弦地形上部，还是在具有平均水深与相应稳定流速条件的正弦地形上游侧，波成分的频率值均保持一致，不随水深与流速的变化而改变。

在流速条件的敏感性分析中，将示例组次中的水底地形波数 $k_b = 26.18$、地形振幅 $b = 0.023\ m$、平均水深值 $h = 0.192\ m$、地形段计算长度值 $L = 1.92\ m$、实测的逆流行进波频率 $\omega = 4.620\ 6$ 以及 k_2 波成分在 $x = L$ 处的初值扰动振幅值 $a_2 = 3.564\ 7 \times 10^{-4}\ m$ 作为常系数代入 $A(0)$ 的表达式中；而 $A(0)$ 的表达式在流速敏感性分析中的变量则为水流流速 U 与相应的波数值 k_1 与 k_2（k_1 与 k_2 基于实测频率 ω 与平均水深值 h 在流速变量 U 的条件下通过频散关系计算得到）。这里需要特别说明的是，虽然随着水流流速变量 U 的改变，基于实测频率 ω 并满足如式 4.20 频散关系的水面共振波成分的波数值 k_1、k_2 与水底地形波数 k_b 并不再符合三波共振相互作用关系，但这里波数关系与共振条件的偏离仅仅是局部流速变化区域的情况；从水底正弦地形段的总体边界条件角度来看，逆流行进波的频率 ω 仍然满足正弦地形段整体的平均水深 h、地形波数 k_b 与平均水深所对应的断面平均流速 U_a 条件下的三波共振相互作用关系；所以该频率的波成分在正弦地形上部产生之后，由于流速条件改变而使得相应波数值发生变化（以满足频散关系），符合正弦地形上部流场与波要素的实际特征。

通过将以上各变量条件的代入，便可计算 $A(0)$ 表达式的量值随水流流速 U 的变化特征，在此将 $A(0)$ 随流速 U 的变化曲线通过图 5.6 表示。

从图 5.6 可以看出，通过代入示例实验组次的参数，基于多重尺度展开求解得到的共振波成分在经过水底正弦地形成长后的稳态值波幅函数之和 $A(0)$（实线）对流速条件变化十分敏感；图中实线表示在该实验组次中实测的频率条件

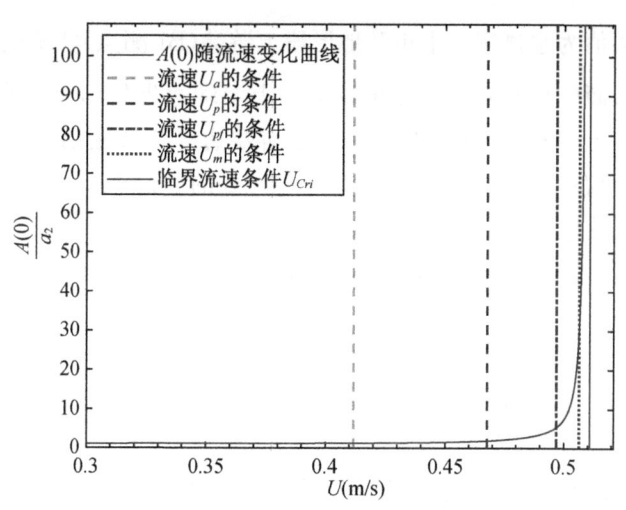

图 5.6　共振波成分 k_1 与 k_2 在 $x=0$ 处的波幅函数值之和 $A(0)$ 随流速 U 的变化曲线
（基于水底地形波陡 0.192、相对水深 0.8、弗劳德数 0.30 的实验组次参数）

下，相应的水面自由行进波成分不能再向上游逆流传播的临界流速条件（stopping current velocity），当流速 U 接近该临界流速条件时，波幅值 $A_1(0)$ 随流速增加而呈现指数增大的变化趋势；图中的虚线表示平均水深 h 情况下的断面平均流速 U_a、虚线表示正弦地形波峰处水深 $h-b$ 情况下的断面平均流速 U_p、点划线表示水底正弦波峰处水深 $(h-b)$ 情况下的自由表面流速 $U_{pf}=U_p\xi_f$、点线则表示可以使通过理论计算的波幅稳态空间分布曲线 $A(x)$ 与水槽实验实测的波幅空间分布在正弦地形上部波幅逆流增长部分相匹配的流速条件 U_m。

对示例实验组次中水槽实验实测的正弦地形上部共振波振幅空间逆流增长的范围为 $x/L_b\in[2.5,8.0]$（位于地形上部近下游侧部分的六个正弦波长范围）的区域；能够匹配该区域内波幅空间理论分布计算结果（基于地形下游侧的边界条件）与实验测量结果的流速为 U_m，流速 U_m 条件下的波幅空间分布曲线 $A(x)$ 与示例实验组次中正弦地形上部波幅空间分布测量结果的对比如图 5.7(c) 所示。其中，U_m 与 U_{pf} 的比值仅为 1.019，这表明使得理论解中的波幅空间分布符合实测结果的流速 U_m，与 5.9 小节中所推算的正弦地形上部流速 U_{pf} 十分接近。

此外，对于示例实验组次中水槽实验实测的正弦地形上部空间共振波振幅逆流减小的范围为 $x/L_b\in[0,2.0]$（位于地形上部近上游侧部分的两个正弦波长范围）的区域，本书认为该区域内共振波振幅向上游方向的降低主要受到正弦地形段上游侧边界条件的影响。由于 k_2 共振波成分的波能向下游传播，该波成分在正弦地形上部的波能不能传递至正弦地形段的上游，所以地形上游端的水面波动主要为波数为 k_1 的共振波成分，且在地形端上游不再增长，以致 k_1 波成分在地形上游端的空间变化率为零。故令 k_1 共振波成分在正弦地形上游端边界处

($x=0$)的振幅值为水槽实验中正弦地形段上游端(B1 测点)实测的谱峰振幅$\widetilde{a}_1$，即$A_1(0)=\widetilde{a}_1$；而k_2共振波成分在正弦地形上游端边界处($x=0$)的振幅值$\widetilde{a}_2$为零，即$A_2(0)=0$。根据上述正弦地形段上游端边界处的振幅值条件，便可根据式(5.7)得到稳态振幅空间函数在地形上游端处的导数值$A_{2x}(0)$与$A_{1x}(0)$。

对于受正弦地形段上游侧边界条件影响的稳态振幅空间分布函数$A_1(x)$，其待求解方程(式 5.103a)所满足的边界条件为，

$$A_1(0) = \widetilde{a}_1, (x=0) \tag{5.111a}$$

$$\left.\frac{\mathrm{d}A_1(x)}{\mathrm{d}x}\right|_{x=0} = i\frac{A_2(0)\mathbb{P}}{C_{1g}} = 0, (x=0) \tag{5.111b}$$

根据式(5.111)的边界条件求解得到的稳态振幅空间分布函数$A_1(x)$的表达式为，

$$A_1(x) = \widetilde{a}_1 \cosh\theta x \tag{5.112}$$

对于受正弦地形段上游侧边界条件影响的稳态振幅空间分布函数$A_2(x)$，其待求解方程所满足的边界条件为，

$$A_2(0) = 0, (x=0) \tag{5.113a}$$

$$\left.\frac{\mathrm{d}A_2(x)}{\mathrm{d}x}\right|_{x=0} = i\frac{A_1(0)\mathbb{Q}}{C_{2g}} = i\frac{\widetilde{a}_1\mathbb{Q}}{C_{2g}}, (x=0) \tag{5.113b}$$

根据式(5.113)的边界条件求解得到的稳态振幅空间分布函数$A_2(x)$的表达式为，

$$A_2(x) = i\frac{\widetilde{a}_1\mathbb{Q}}{\theta C_{2g}}\sinh\theta x \tag{5.114}$$

式(5.112)与(5.114)的稳态振幅空间分布函数的幅值之和$A(x)$，如式(5.115)所示，

$$A(x) = |\widetilde{a}_1\cosh\theta x| + \left|i\frac{\widetilde{a}_1\mathbb{Q}}{\theta C_{2g}}\sinh\theta x\right| \tag{5.115}$$

将基于正弦地形段上游侧边界条件求解的共振波稳态振幅空间分布函数(式 5.115)在流速U_m条件下的计算结果与正弦地形上游侧的实测振幅空间分布情况进行对比，如图 5.7(b)所示，地形上游端边界对地形上部近上游侧部分的共振波振幅空间分布具有显著影响，振幅沿逆流方向呈现指数降低，且理论解与实测结果总体上符合情况较好。

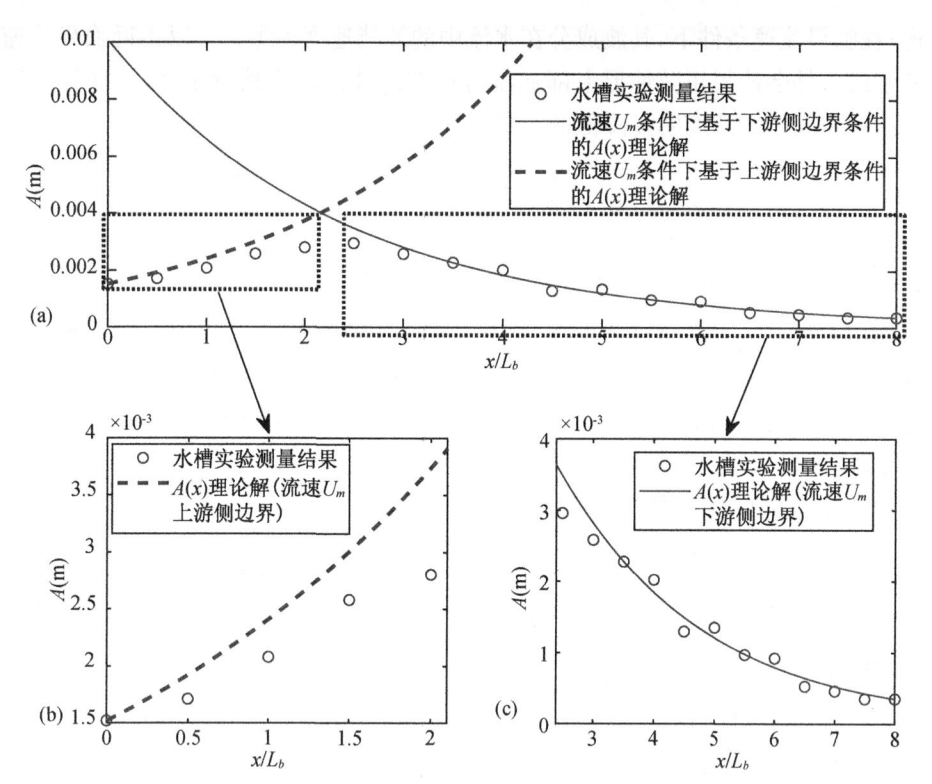

图 5.7 实测波幅空间分布与流速为U_m条件下的波幅空间分布解析解$A(x)$的对比
（地形波陡 0.192、相对水深 0.8、弗劳德数 0.30 的实验组次）

将U_m流速条件下正弦地形段上游与下游端边界条件求解的共振波振幅空间分布解共同绘制于图 5.7(a)，可以看出正弦地形段两端的边界条件对其边界附近的振幅空间分布分别具有一定的影响范围与特征。在地形段上部区域的近下游侧与近上游侧部分，共振波振幅分别呈现逆流方向指数增大与减小的趋势，以及基于两端边界条件的振幅解在地形上部的相交位置，均与实测的振幅空间分布特征相吻合。在此需要补充说明，由于求解共振波稳态振幅解的方程（式 5.103）为二阶常微分方程，需要两个边界条件，根据关系式(5.104)，正弦地形段的上游与下游端都分别具有两个边界条件（一个为 Dirichlet 边界条件，另一个为 Neumann 边界条件），所以根据两侧边界条件分别求解的振幅空间分布函数，仅在各自边界附近的区域有效，均属于式 (5.103) 的渐进解（Asymptotic solution）。

对于本小节的分析，更为重要的一点在于，示例实验组次条件下的临界流速值U_{Cri}与匹配理论解和实测结果的流速值U_m之间的比值仅为 1.009，这表明流速U_m与临界流速U_{Cri}十分接近；对于具有逆流行进波频率的水面行进波成分，当流速条件大于临界流速值U_{Cri}，具有该频率波成分的波能便不再能向逆流方向传递；在临界流速条件下，其波成分在水流中的波能速度为零。所以接近临界流速的水流条件会使得正弦地形上部逆流行进波的波能速度接近于零，从而导致其波能在空间传播速度明显降低的"波能堆积"现象。

为了进一步探讨上述情况，将波幅稳态空间分布理论解中的系数随流速变化的特征进行具体分析；对于 $A(0)$ 解析式中指数项系数 θ，从其表达式 $\theta=\sqrt{-\dfrac{\mathbb{PQ}}{C_{1g}C_{2g}}}$ 可以看出，其中逆流行进波成分的波能速度 C_{1g} 以及参与三波共振相互作用的另一个水面行进共振波成分的波能速度 C_{2g} 均位于其指数项系数表达式的分母中，当流速接近临界流速条件，C_{1g} 的值趋向于零，且 C_{2g} 的量值也同样趋向于零。为了明确指数项系数 θ 以及其中各参数受流速条件的影响特性，将参数 $\mathbb{P}$、$\mathbb{Q}$、C_{1g}、C_{2g}（包括波能速度 C_{1g} 与 C_{2g} 的绝对值倒数）以及指数项系数 θ 的量值随流速 U 的变化曲线分别绘制如图 5.8。

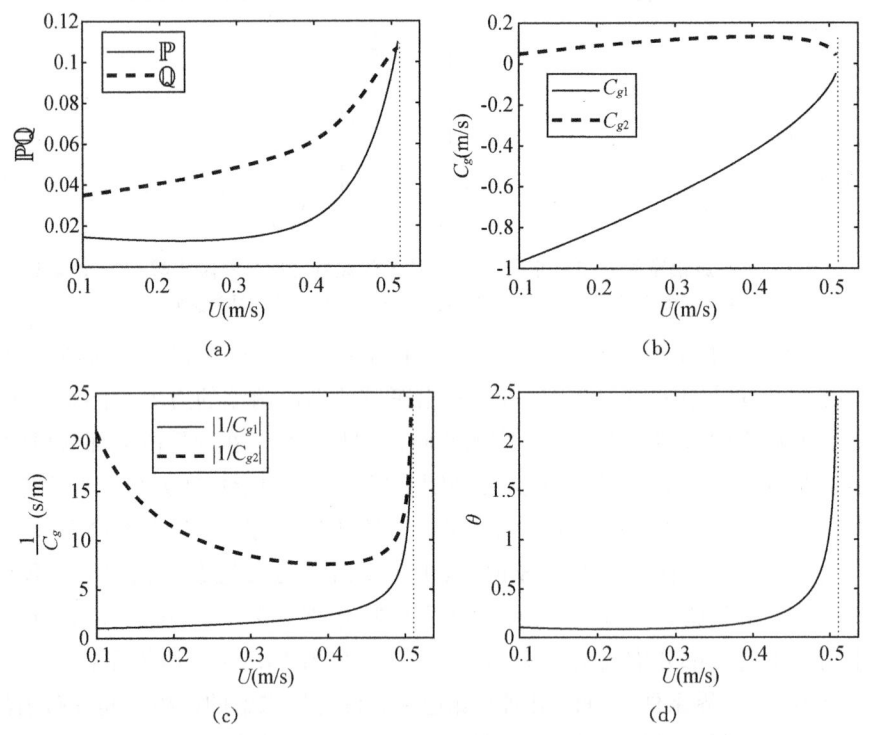

图 5.8 波幅空间分布函数的指数项系数 θ 及其中的参数 $\mathbb{P}$、$\mathbb{Q}$、C_{1g}、C_{2g} 随流速 U 的变化曲线（基于地形波陡 0.192、相对水深 0.8、弗劳德数 0.30 的实验组次参数）

从图 5.8 可以看出，在示例实验组次条件下，子图（a）中指数项系数表达式中 $\mathbb{P}$ 与 $\mathbb{Q}$ 的量值均随流速值的增加而增大，且在接近临界流速值 U_{Gi} 时呈现量值的显著提高；子图（b）所示的参与三波共振相互作用的两个水面自由波成分的波能速度 C_{1g} 与 C_{2g} 均随流速接近临界流速值而趋向于零，其倒数值随流速的变化

特征如子图(c)所示，$1/|C_{1g}|$与$1/|C_{2g}|$的量值均随流速接近临界流速值U_{Cri}而迅速增大。所以指数项系数θ作为参数$\mathbb{P}$、$\mathbb{Q}$、C_{1g}、C_{2g}的组合，其量值同样随流速U接近临界流速值而急剧增加，当波幅空间分布指数项系数θ的变化特征反映到波幅值$A_1(x)$中，则同样表现为波幅随流速更为显著的增大。

以上分析表明，基于三波共振相互作用的水面共振波成分振幅在水底正弦地形上部所呈现的快速指数特征增长，很大程度上是由于正弦地形上部的流速条件接近临界流速值所致；当流速条件接近临界流速，此时包括逆流行进波在内的参与相应三波共振相互作用的水面共振波成分的波能速度均快速趋向于零，其中逆流行进波的波能速度趋向于零会使得其波成分的波能在空间逆流传播的过程中发生能量堆积，并伴随波幅在空间成长过程中显著增大的现象。反映到理论解析解表达式的结构中，指数项系数θ随着其分母项C_{1g}与C_{2g}均趋向于零而迅速增大，且系数$\mathbb{P}$与$\mathbb{Q}$的量值也均随流速值的增加而增大，这使得指数系数θ在流速接近临界流速条件时呈现相应的急剧增加，从而在共振波振幅空间分布解中呈现出波幅的显著增长。

所以，根据解析理论与水槽实验测量结果相结合的分析发现，逆流进行波产生于前述共振组合(6)的三波共振相互作用条件，属于其中波相与波能均向上游逆流传播的k_1波成分；并在三波共振相互作用的基础上，由于水底正弦地形上部的流速接近临界流速条件而使相应的波幅值在地形上部空间呈现出快速的指数增长特征，该情况伴随着逆流行进波所对应的共振波成分在地形上部发生波能堆积，从而使得其波成分在地形上部迅速成长为明显且规则的逆流行进波列。

5.11　基于临界流速条件的波形存在范围分析

通过5.10小节的分析发现，包括逆流行进波在内的共振波成分在水底正弦地形上部的波幅显著增长，与地形上部的流速接近逆流行进波频率所对应的水波临界流速条件有关。本小节将基于不同流速情况下的三波共振相互作用组合(6)中共振波的波要素特征，分析不同流速条件下的理论共振波频率所对应的临界流速条件，并与正弦地形上部的实际流速情况进行对比，从而探讨逆流行进波产生于较窄的特定流速范围的原因。

由于不同流速条件下引发三波共振相互作用类型与相应共振波的波要素条件不同，本书针对三波共振组合(6)中的流速存在范围，首先基于理论三波共振条件及相应频散关系计算共振波的理论频率值，然后通过理论频率值与平均水深计算相应的理论临界流速条件$U_{\text{CriTHEORY}}$；此外，通过水槽实验地形波陡0.192组次中逆流行进波产生范围内实测的频率值，计算其在平均水深h条件下的临界流速U_{CriEXP}，以及在水深$(h-b) \sim (h+b)$范围内临界流速U_{CriEXP}的范围，如图

5.9所示，其中基于实测波频率在平均水深 h 条件下计算得到的临界流速U_{CriEXP}在图中通过不同形状的标记符号表示，对水深在$(h-b)\sim(h+b)$范围内对应的临界流速范围，通过误差棒表示。

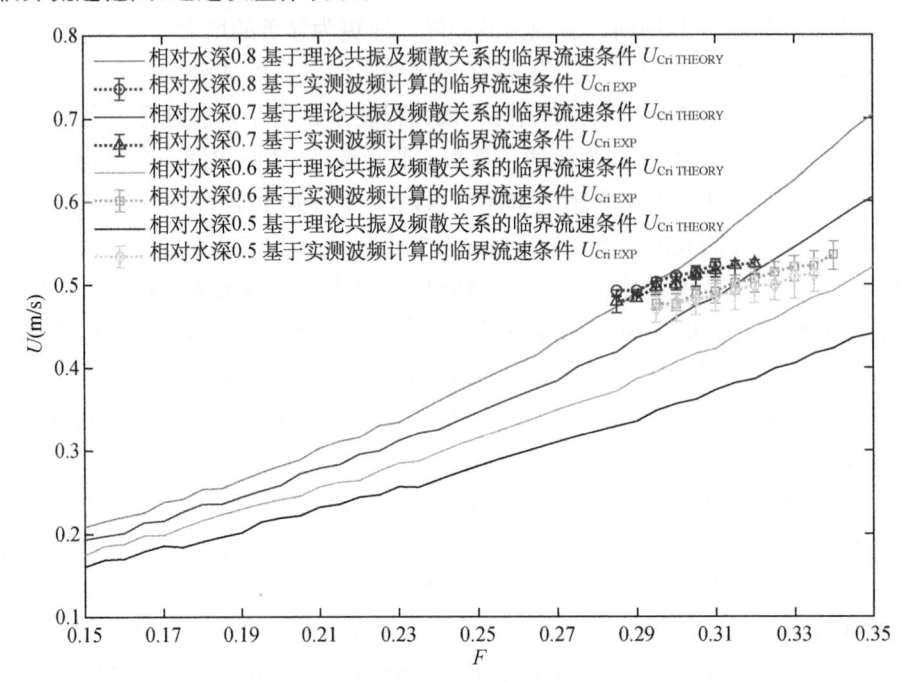

图 5.9 各水深条件下满足理论三波共振条件及频散关系的临界流速$U_{CriTHEORY}$与地形波陡 0.192 实验组次中基于实测频率计算的正弦地形上部水深范围内的临界流速U_{CriEXP}的变化范围

通过图 5.9 可以看出，与 4.5 小节中图 4.11～图 4.14 所反映的理论三波共振条件下共振波频率与实测结果的差异情况相同，对于地形波陡 0.192 的实验组次结果，在相对水深为 0.8 时，基于理论共振关系计算的临界流速条件$U_{CriTHEORY}$与实测波频率对应的临界流速U_{CriEXP}范围十分接近，而随着水深条件的降低（相对水深从 0.7 减小至 0.5），理论临界流速条件与基于实测波频率计算的临界流速范围之间的偏差逐渐增大。该情况仍然是由于当正弦地形振幅与水深的比值逐渐增加，水底正弦地形边界的非线性影响相应增大，从而导致水底正弦地形对波流共存情况下频散关系的影响更大，并使得相应波要素所满足的频散关系偏离原有情况。由于水底地形对波流共存情况下频散关系的定量影响仍然未知，在此考虑地形波陡 0.192 实验条件下频散关系偏离程度最小，即相对水深最大为 0.8 的实验组次参数。

对于正弦地形波陡 0.192，相对水深为 0.8 的实验组次条件（无量纲地形波数m_b为 5.03），计算其中弗劳德数在 0.15～0.35 范围内的三波共振组合(6)中共振波频率随弗劳德数的变化情况,并与水底地形上部推算的各流速条件(包括地形波峰上部表面流速U_{pf}、地形波峰上部平均流速U_p,其中推算参数ξ_f采用5.9小节示例组次中的参数作为常系数,$\xi_f=1.0622$)进行对比,如图5.10所示。

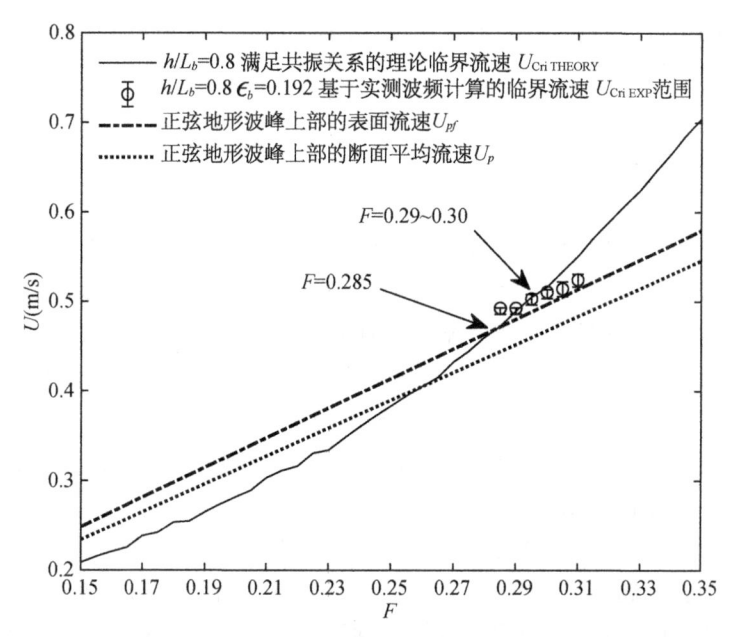

图5.10 不同流速弗劳德数条件下三波共振组合(6)的共振理论波临界流速$U_{\text{CrtTHEORY}}$、基于实测波频率计算的地形上部临界流速范围U_{CrtEXP}与地形上部推算流速条件的对比(基于地形波陡0.192、相对水深0.8的实验组次参数)

从图5.10可以看出,在水底地形波陡0.192、相对水深0.8的地形与水深参数条件下,理论临界流速$U_{\text{CrtTHEORY}}$曲线与地形波峰上部表面流速U_{pf}图线的交点位于弗劳德数(平均水深条件下断面平均流速所对应的弗劳德数)在$F=0.285$处;基于实测波频率计算的地形上部临界流速U_{CrtEXP}的范围与地形波峰上部表面流速U_{pf}的图线、以及理论临界流速$U_{\text{CrtTHEORY}}$曲线在弗劳德数$F=0.29\sim 0.30$的范围内十分接近;而该实验组次条件下产生实测最大振幅逆流行进波的弗劳德数$F=0.30$,位于上述理论与实测临界流速相接近的弗劳德数范围内,说明逆流进行波的产生与正弦地形上部的实际流速接近临界流速条件相关。

通过图5.10还可以对逆流行进波产生于较窄流速范围的原因进行探讨,当弗劳德数低于逆流行进波激发的流速范围时,正弦地形上部的实际流速条件大于相应三波共振组合中共振波的临界流速条件,所以相应共振波成分的波能无法逆流传播,自由水面也就不会出现逆流行进波成分;当弗劳德数大于逆流行进波激发的流速范围时,正弦地形上部的实际流速条件小于相应三波共振组合中共振波的临界流速条件,使得共振波振幅的空间增长速度缓慢,以致相应共振波成分的微小扰动振幅在地形上部无法增长为较大振幅的规则波列,水面也就无法观察到明显的逆流行进波。所以,仅在正弦地形上部的实际流速条件接近相应三波共振组合中的共振波临界流速条件时,波数为k_1的共振波成分振幅具有快速的空间指数成长特征,且波能逆流传播,从而在正弦地形上部形成明显而规则的波列向上游运动。

5.12 本章小结

本章基于势流理论假设,考虑波浪、恒定水流与水底正弦起伏地形共存情况下的速度势函数边值问题,针对考虑水流和水底正弦地形的三波共振相互作用建立进一步的理论假设,并在此基础上通过常规摄动与多重尺度展开奇异摄动对势函数边值问题进行理论解析。并通过正弦地形上部实测的波幅空间分布特征与基于多重尺度展开摄动分析所求解的波幅稳态空间分布函数进行对比,结合对波幅空间分布函数解的敏感性分析,探讨了逆流行进波在正弦地形上部的成长机制。具体包括以下几点。

(1) 通过常规摄动级数解析,对波浪、水流与水底正弦地形共存情况下的速度势函数边值问题,分别考虑水底地形边界条件与自由表面边界条件的非齐次强迫项作用,通过常规摄动解的奇异点性质来分析并探讨理论假设中的三波共振相互作用的条件,同时求解共振波振幅的时间与空间初始(线性)增长率。

(2) 通过基于多重尺度展开的奇异摄动分析,针对考虑水流和水底正弦地形的三波共振相互作用条件,同时考虑水底起伏地形边界条件与自由表面边界条件的非齐次强迫项作用,在边值问题中引入慢变的时空坐标,结合相应边值问题的可解性条件进一步推导得到共振波振幅函数所满足的时空演化方程,并给出相应共振波振幅时空分布特征(指数变化特征与简谐变化特征)的判别表达式。

(3) 基于第四章推导得到的共振波振幅函数所满足的稳态空间分布方程,针对共振组合(6),考虑适用于水槽实验中正弦地形上部情况的边界条件,求解得到共振波稳态振幅的空间分布函数。

(4) 通过对求解得到的共振波稳态振幅空间分布函数进行敏感性分析,发现其波幅的空间成长量值对流速变化十分敏感,当流速接近于使k_1波成分的波能速度趋向于零的临界流速条件U_m,共振波振幅在正弦地形上部呈现显著增长。

(5) 基于正弦地形上部流速特征的分析与推算,并通过共振波稳态振幅的理论空间分布函数与水槽实验实测的波幅空间分布对比,明确了逆流行进波的成长机制源自正弦地形上部的实际流速条件接近共振波频率所对应的临界流速值,该情况下同时伴随着共振波成分在正弦地形上部的波能堆积。

(6) 通过计算不同流速情况下满足三波共振相互作用条件的共振波要素所对应的临界流速,并与水槽实验实测波频所对应的临界流速、正弦地形上部的推算流速条件进行对比,明确了逆流行进波仅产生于较窄流速范围的原因:当流速低于波形产生范围,地形上部流速大于临界流速,共振波无法逆流传播;而当流速高于波形产生范围,地形上部流速小于临界流速,共振波振幅无法显著增长。

总的来说,本章结合实验测量结果与理论解析结果,通过对比分析明确了逆流行进波振幅在正弦地形上部的显著增长部分源自在以上三波相互作用产生k_1波成分的基础上,由于正弦地形上部的流速条件接近波能堆积的临界流速值,使得波能在地形上部呈现剧烈增长。

第六章
结论与展望

6.1 结论

针对恒定水流经过水底正弦起伏地形产生水面逆流行进波的现象，本书以探讨逆流行进波的产生与成长机制为研究目标，基于开展的系列水槽实验，并通过势流理论与三波共振相互作用假设基础上的常规摄动与多重尺度奇异摄动展开理论解析，在对逆流行进波的波要素随水流与地形条件的变化规律及相应的空间分布特征进行观测的基础上，结合理论解析结果进行对比分析，细致探讨波形的产生与成长机制，揭示了三波共振相互作用与正弦地形上部临界流速条件在逆流行进波产生与成长过程中的作用[80-82]。

具体而言，本书针对逆流行进波的科学问题所开展的研究具有如下主要结论。

（1）通过所开展的系列水槽实验，设置不同的正弦地形波陡、水深与流速的实验组次，对逆流行进波的产生现象、波要素随地形与水流条件的变化规律、波要素在正弦地形上部的空间分布特征进行了细致观测与分析，相关结论包括：

1）逆流行进波的波形仅在较小的流速范围内激发，低于或高于该流速范围波形便不再产生，且激发现象对流速的变化十分敏感，波幅随流速的定量变化呈现明显的单峰分布特征。

2）引发逆流行进波的水面波动源自正弦地形上部，当波形被激发产生时，地形上游侧的水面波动呈现规则的波列特征，水面波动能量集中于特定的单一频率，与此同时，在正弦地形下游侧未能观测到明显的波能集中情况。

3）在正弦地形波陡为 0.192～0.333 的实验条件范围内，均观察到了逆流行进波的激发现象，且波形产生的相对水深范围随地形波陡的增大而增加。

4）在逆流行进波的产生条件下，水面波动振幅在正弦地形上部的大部分区域（从第 2～3 个正弦波峰位置附近，至地形下游端），从地形段的下游端向上游方向呈现显著的非线性逆流成长特征。

（2）基于势流理论，从波浪、水流与水底正弦地形共存情况下的波波共振相互作用角度，分析参与共振相互作用的水面自由行进波成分，建立考虑水流和正弦地形的三波共振相互作用假设，并在此基础上通过常规摄动与多重尺度展开奇异摄动对势函数边值问题进行理论解析。相关结论有：

1）针对考虑水流和正弦地形的三波共振相互作用，明确了其中的两类共计六个共振组合，并给出各三波共振组合的精确存在范围，以及其中无量纲波数与频率随弗劳德数和无量纲地形波数的变化规律。

2）通过常规摄动级数展开分别对仅具有水底正弦地形边界条件非齐次强迫项或自由表面边界条件非齐次强迫项的边值问题求解，明确了三波共振相互作用条件下常规摄动解的奇异点特征。

3）基于多重尺度展开的奇异摄动分析，明确给出共振波的振幅函数所满足的时空演化方程，同时得到共振波振幅的时空分布特征判别式，明确了振幅时空分布所具有的指数或简谐变化特征。

（3）通过水槽实验观测的逆流行进波的波要素变化规律及其空间分布特征，和基于理论解析的三波共振相互作用条件及共振波振幅空间分布解进行比较，并结合对正弦地形上部实际流速条件的推算以及对波幅空间分布函数解的敏感性分析，探讨逆流行进波在正弦地形上部的产生与成长机制。相关结论包括：

1）逆流行进波属于波流相互作用中波数为k_1的波成分，该波成分的波相与波能均向上游逆流传播。

2）逆流行进波成分的产生源自考虑水流与水底正弦地形的第二类三波共振相互作用中的共振组合(6)，实测的波形波要素及其产生条件均符合该共振组合的特征。

3）在共振组合(6)的范围内，对于逆流行进波所属的共振波成分，其振幅的时间演化呈现简谐变化的周期性特征（波成分随时间变化稳定），而波幅的稳态空间分布呈现指数分布特征。

4）逆流行进波成分的波幅空间成长量值对流速变化十分敏感，而且地形的起伏以及剪切流的流速垂向分布特征使得正弦地形上部的实际表面流速相比断面平均值更大，当地形上部的实际流速接近于共振波的波能速度趋向于零的临界流速条件，波幅函数在正弦地形上部呈现显著增长，符合水槽实验中地形上部波幅逆流增长区域的实测结果。

5）逆流行进波在正弦地形上部的波幅成长源自在三波共振相互作用所提供的共振波成分能量传递基础上，当地形上部的实际流速接近临界流速条件所致，该情况伴随着共振波能量在正弦地形上部出现的波能堆积。

6) 当水流流速低于或高于波形激发的流速范围，正弦地形上部的流速条件高于或低于相应共振波成分所对应的临界流速条件，使得波能无法逆流传递或波能增长缓慢，以致逆流行进波仅在较小的流速范围内出现。

6.2　展望

对于水流通过水底正弦起伏地形引发逆流行进波的科学问题，虽然通过水槽实验、理论解析与数值模型的结合对该波形的产生与成长机制进行了深入探讨，为实际河口地区的波浪、水流与沙波地形作用的水动力特性研究中提供了考虑水流与起伏地形的波波共振相互作用的研究角度，为精细模拟存在水下连续沙波地形的河口近岸地区水动力特征提供一定的理论解析与实验观测结果参考。但是由于逆流行进波在实际波形激发过程中的复杂性，以及理论解析所存在的局限，仍有许多问题有待进一步的深入研究：

（1）基于势流理论的摄动分析方法在微幅假设方面的限制，与实际水槽实验情况下的地形条件存在区别，实验中水底地形波高与水深之间较大的比值，会导致水深的空间不均匀分布以及水底边界条件较强的非线性特征，从而使得波流共存情况下的频散关系发生明显偏移，同时影响发生三波相互作用的流速条件及波要素特征，未来还需要通过解析理论考虑并分析水底正弦地形对频散关系与共振条件的定量影响。

（2）实际水槽实验中水底地形上部的流场十分复杂，实验也通过流场的定性示踪观测到了逆流行进波产生时正弦地形上部流场所存在的周期性涡旋脱泻现象，该现象可能是水面扰动波的能量来源之一；而基于势流理论的波波共振相互作用分析方法并未考虑水流的紊动，仅将周期性的涡旋脱泄作为水面扰动波成分潜在的能量来源；如何判断周期性的涡旋运动对水面上部扰动波成分能量的贡献，还需要进行更细致的实验流场定量测量并考虑紊动情况的计算流体力学数值模型。

（3）在实际开展的水槽实验中，还有存在着许多问题有待深入研究与明确。例如水底地形边界在实验水槽中从平底到正弦段的突变，使得两端边界的连接处附近可能出现较为复杂的非传播模态（Evanescent Mode），从而在一定程度上影响地形边界端附近的波幅空间分布，该情况下的水波特征需要进一步进行细致解析研究和探讨；而且，较大的水底地形波陡会导致地形上部出现非常复杂的流速空间分布，有待对其进行更细致的实验观测以及基于计算流体力学数模模型的分析；此外，由于水槽实验中水面实际波浪场的复杂性，现阶段理论解基于水槽实测结果与相应假设所提供的边界条件，所求解的共振波稳态振幅空间分布特征能够较好地符合实测结果，然而在实际的水槽实验情况下，影响共振波在正弦地形上部空间分布的实际边界条件相比假设而言会更加复杂且难以测量，这方面有待更加精细的实验观测与探讨分析。

（4）目前的理论解析仅针对单一组合的理想三波共振相互作用条件来分析相应共振条件下的波成分时空演化特征，而在实际的河口近岸地区，研究所面对的是复杂的水底沙波形态、潮流或近岸流流场以及自由水面不规则的风浪条件，所以后续研究需要在已有解析理论的分析基础上，通过建立更加贴近实际海岸情况的数值模型来对河口近岸地区波浪、水流与水底沙波形态地形的作用特性进行更深入的分析与研究。

（5）现阶段的解析模型针对恒定均匀流情况下的三波共振相互作用进行分析，对于更加复杂的多层流以及多相流情况的拓展，还有待更进一步的研究。

参考文献

[1] 杨世伦,张正惕,谢文辉,等. 长江口南港航道沙波群研究[J]. 海洋工程, 1999(2): 80-89.

[2] 张正惕,杨世伦,谢文辉. 热敏式双频测深仪在航道沙波研究中的应用[J]. 华东师范大学学报(自然科学版),1999(4): 68-73.

[3] 张正惕,杨世伦. 双频回声测深仪在航道沙波研究中的应用[J]. 实验室研究与探索,1998(6): 58-59.

[4] 郑树伟,程和琴,吴帅虎,等. 长江河口南港河段沙波观测研究[J]. 海洋测绘,2015,35(3): 46-49.

[5] 王永红,沈焕庭,李九发,等. 长江河口涨、落潮槽内的沙波地貌和输移特征[J]. 海洋与湖沼,2011,42(2): 330-336.

[6] 郭兴杰,程和琴,莫若瑜,等. 长江口沙波统计特征及输移规律[J]. 海洋学报,2015,37(5): 148-158.

[7] 李为华,李九发,程和琴,等. 近期长江河口沙波发育规律研究[J]. 泥沙研究,2008(6): 45-51.

[8] 孙杰,詹文欢,贾建业,等. 珠江口海域灾害地质因素及其与环境变化的关系[J]. 热带海洋学报,2010,29(1): 104-110.

[9] 李泽文,阎军,栾振东,等. 海南岛西南海底沙波形态和活动性的空间差异分析[J]. 海洋地质动态,2010,26(7): 24-32.

[10] 杜晓琴,李炎,高抒. 台湾浅滩大型沙波、潮流结构和推移质输运特征[J]. 海洋学报(中文版),2008(5): 124-136.

[11] 余威,吴自银,周洁琼,等. 台湾浅滩海底沙波精细特征、分类与分布规律[J]. 海洋学报,2015,37(10): 11-25.

[12] 边淑华,夏东兴,陈义兰,等. 胶州湾口海底沙波的类型、特征及发育影响因素[J]. 中国海洋大学学报(自然科学版),2006(2): 327-330.

[13] Kindle E M. Notes on shallow-water sand structures[J]. The Journal of Geology, 1936, 44(7): 861-869.

[14] Dolan T J. Wave Mechanisms for the Formation of Multiple Longshore Bars with Emphasis on the Chesapeake Bay[D]. University of Delaware, 1983.

[15] Dolan T J, Dean R G. Multiple longshore sand bars in the upper Chesapeake Bay[J]. Estuarine, Coastal and Shelf Science, 1985, 21(5): 727-743.

[16] Evans O F. The low and ball of the eastern shore of Lake Michigan[J]. The Journal of Geology, 1940, 48(5): 476-511.

[17] Saylor J H, Hands E B. Properties of longshore bars in the great lakes [C]. Proceedings of 12th Conference on Coastal Engineering, Washington, D.C., 1970.

[18] Lau J, Travis B. Slowly varying Stokes waves and submarine longshore bars[J]. Journal of Geophysical Research. 1973, 78(21): 4489-4497.

[19] Moore L J, Sullivan C, Aubrey D G. Interannual evolution of multiple longshore sand bars in a mesotidal environment, Truro, Massachusetts, USA[J]. Marine Geology. 2003, 196(3-4): 127-144.

[20] Elgar S, Raubenheimer B, Herbers T. Bragg reflection of ocean waves from sandbars[J]. Geophysical Research Letters. 2003, 30(1).

[21] Short A D. Offshore bars along the Alaskan Arctic coast[J]. The Journal of Geology. 1975: 209-221.

[22] Short A D. Multiple offshore bars and standing waves[J]. Journal of Geophysical Research. 1975, 80(27): 3838-3840.

[23] Boczar-Karakiewicz B, Davidson-Arnott R G. Nearshore bar formation by non-linear wave processes-A comparison of model results and field data [J]. Marine Geology. 1987, 77(3): 287-304.

[24] Komar P D. Beach Processes and Sedimentation[M]. Upper Saddle River, New Jersey: Prentice Hall, 1998.

[25] 严恺,梁其荀. 海岸工程[M]. 北京:海洋出版社,2002: 181-193, 428-505.

[26] 邹志利. 水波理论及其应用[M]. 北京:科学出版社,2005: 3-55, 394-399, 468-483.

[27] 邹志利. 海岸动力学[M]. 北京:人民交通出版社,2009: 28-61, 83-97, 146-159.

[28] Kelvin W. On stationary waves in flowing water[J]. Philosophical Magazine. 1886, 22: 353-357.

[29] Lamb H. Hydrodynamics[M]. London: Cambridge University Press, 1932.

[30] Kennedy J F. The mechanics of dunes and antidunes in erodible-bed channels[J]. Journal of Fluid Mechanics. 1963, 16(4): 521-544.

[31] Mei C C. Steady free surface flow over wavy bed[J]. Journal of the Engi-

neering Mechanics Division. 1969, 95(6): 1393-1402.

[32]Mizumura K. Free-surface profile of open-channel flow with wavy boundary[J]. Journal of Hydraulic Engineering. 1995, 121(7): 533-539.

[33]Mizumura K. Free surface flow over permeable wavy bed[J]. Journal of Hydraulic Engineering. 1998, 124(9): 955-962.

[34]Mizumura K. Applied Mathematics in Hydraulic Engineering: An Introduction to Nonlinear Differential Equations[M]. Singapore: World Scientific, 2011.

[35]Dey S, Bose S K, Castro-Orgaz O. Hydrodynamics of Undular Free Surface Flows[M]. Experimental and Computational Solutions of Hydraulic Problems, Springer, 2013, 53-70.

[36]Miles J W. Weakly nonlinear Kelvin-Helmholtz waves[J]. Journal of Fluid Mechanics, 1986, 172: 513-529.

[37]Bontozoglou V, Kalliadasis S, Karabelas A J. Inviscid free-surface flow over a periodic wall[J]. Journal of Fluid Mechanics. 1991, 226: 189-203.

[38]Sammarco P, Mei C C, Trulsen K. Nonlinear resonance of free surface waves in a current over a sinusoidal bottom: a numerical study[J]. Journal of Fluid Mechanics, 1994, 279: 377-405.

[39]Yih C. Binnie waves[C]. Fourteenth Symp. on Naval Hydrodynamics, Ann Arbor, Michigan, World Scientific, 1982.

[40]Yih C. Waves in meandering streams[J]. Journal of Fluid Mechanics. 1983, 130: 109-121.

[41]Zhu S. Open Channel Flow Near the Resonance Speed[D]. University of Michigan, 1987: 38-81.

[42]Zhu S. Stationary Binnie waves near resonance[J]. Quarterly of Applied Mathematics. 1992, 50(3): 585-597.

[43]Binnie A M, Davies P O A L, Orkney J C. Experiments on the flow of water from a reservoir through an open horizontal channel. I. The production of a uniform stream[J]. Proceedings of the Royal Society of London A: Mathematical, Physical and Engineering Sciences. 1955, 230(1181): 225-236.

[44]Binnie A M. Self-induced waves in a conduit with corrugated walls. I. Experiments with water in an open horizontal channel with vertically corrugated sides[J]. Proceedings of the Royal Society of London A: Mathematical, Physical and Engineering Sciences, 1960, 259: 18-27.

[45] McHugh J P. The Stability of Stationary Waves Produced by Flow Through a Channel with Wavy Sidewalls (Surface, Resonance, Stability)[D]. Ann Arbor: University of Michigan, 1986: 5-56.

[46] McHugh J P. The stability of stationary waves in a wavy-walled channel [J]. Journal of Fluid Mechanics, 1988, 189: 491-508.

[47] Yih C. Instability of surface and internal waves[J]. Advances in Applied Mechanics, 1976, 16: 369-419.

[48] Richardson A R. VIII. Stationary waves in water[J]. The London, Edinburgh, and Dublin Philosophical Magazine and Journal of Science, 1920, 40(235): 97-110.

[49] Phillips O M. The Dynamics of the Upper Ocean[M]. New York: Cambridge University Press, 1966.

[50] Whitham G B. Non-linear dispersion of water waves[J]. Journal of Fluid Mechanics, 1967, 27(2): 399-412.

[51] McHugh J P. The stability of capillary-gravity waves on flow over a wavy bottom[J]. Wave Motion, 1992, 16(1): 23-31.

[52] Zhang Y, Zhu S. Resonant transcritical flow over a wavy bed[J]. Wave Motion, 1997, 25(3): 295-302.

[53] Benjamin T B. Upstream influence[J]. Journal of Fluid Mechanics, 1970, 40(1): 49-79.

[54] 福島雅紀,京藤敏達. 河川の流体力学的観察[J]. 第48回土木学会年講概要集, 1993: 480-481.

[55] 京藤敏達. 河川早瀬の不安定波に関する理論的研究[J]. 水工学論文集, 1994, 38: 449-456.

[56] 京藤敏達,福島雅紀. 波状底面を持つ開水路流れの安定性と河川早瀬の波[J]. 土木学会論文集, 1996(539): 69-78.

[57] Kyotoh H, Raveenthiran K. Mechanism of upstream propagation of the wave generated by a current over a sinusoidal bed[C]. Proceedings of the 2nd International Conference on Hydrodynamics, Hong Kong, 1996.

[58] Kyotoh H, Fukushima M. Upstream-advancing waves generated by a current over a sinusoidal bed[J]. Fluid Dynamics Research, 1997, 21(1): 1-28.

[59] Benjamin T B, Feir J E. The disintegration of wave trains on deep water Part 1. Theory[J]. Journal of Fluid Mechanics, 1967, 27(03): 417-430.

[60] Hammack J L, Henderson D M. Resonant interactions among surface wa-

ter waves[J]. Annual review of fluid mechanics, 1993, 25(1): 55-97.

[61] Janssen P A. Nonlinear four-wave interactions and freak waves[J]. Journal of Physical Oceanography, 2003, 33(4): 863-884.

[62] Phillips O M. On the dynamics of unsteady gravity waves of finite amplitude Part 1. The elementary interactions[J]. Journal of Fluid Mechanics, 1960, 9(2): 193-217.

[63] Longuet-Higgins M S, Smith N D. An experiment on third-order resonant wave interactions[J]. Journal of Fluid Mechanics. 1966, 25(3): 417-435.

[64] Mcgoldrick L F, Phillips O M, Huang N E, et al. Measurements of third-order resonant wave interactions[J]. Journal of Fluid Mechanics. 1966, 25(3): 437-456.

[65] Benney D J. Non-linear gravity wave interactions[J]. Journal of Fluid Mechanics, 1962, 14(4): 577-584.

[66] McGoldrick L F. Resonant interactions among capillary-gravity waves[J]. Journal of Fluid Mechanics, 1965, 21(2): 305-331.

[67] Davies A G. On the interaction between surface-waves and undulations on the seabed[J]. Journal of Marine Research. 1982, 40(2): 331-368.

[68] Davies A G. The reflection of wave energy by undulations on the seabed[J]. Dynamics of Atmospheres and Oceans, 1982, 6(4): 207-232.

[69] Davies A G. Some Interactions Between Surface Water Waves and Ripples and Dunes on the Seabed[R]. Wormley, UK: Institute of Oceanographic Sciences, 1980:134.

[70] Heathershaw A D. Seabed-wave resonance and sand bar growth[J]. Nature, 1982, 296: 343-345.

[71] Davies A G, Heathershaw A D. Surface-wave propagation over sinusoidally varying topography[J]. Journal of Fluid Mechanics, 1984, 144: 419-443.

[72] Mei C C. Resonant reflection of surface water waves by periodic sandbars[J]. Journal of Fluid Mechanics, 1985, 152: 315-335.

[73] Mei C C, Stiassnie M, Yue D K P. Theory and Applications of Ocean Surface Waves: Linear Aspects[M]. Singapore: World Scientific, 2005: 307-323.

[74] Kirby J T. Current effects on resonant reflection of surface water waves by sand bars[J]. Journal of Fluid Mechanics, 1988, 186: 501-520.

[75] Liu Y. Nonlinear Wave Interactions with Submerged Obstacles with or without Current[D]. Massachusetts Institute of Technology, 1994: 30-43, 154-175.

[76] Liu Y, Yue D K P. On generalized Bragg scattering of surface waves by bottom ripples[J]. Journal of Fluid Mechanics, 1998, 356: 297-326.

[77] Alam M, Liu Y, Yue D K P. Oblique sub-and super-harmonic Bragg resonance of surface waves by bottom ripples[J]. Journal of Fluid Mechanics. 2010, 643: 437-447.

[78] Yu J, Mei C C. Do longshore bars shelter the shore? [J]. Journal of Fluid Mechanics. 2000, 404: 251-268.

[79] Alam M, Liu Y, Yue D K P. Bragg resonance of waves in a two-layer fluid propagating over bottom ripples. Part I. Perturbation analysis[J]. Journal of Fluid Mechanics, 2009, 624: 191-224.

[80] Fan J, Zheng J H, Tao A F, Yu H F, Wang Y. Experimental study on upstream-advancing waves induced by currents[J]. Journal of Coastal Research. 2016, 75(sp1): 846-850.

[81] Fan J, Tao A F, Zheng J H, Liu Y. Upstream-propagating waves induced by steady current over a rippled bottom: theory and experimental observation[J]. Journal of Fluid Mechanics. 2021, 910: A49.

[82] Fan J, Tao A F, Zheng J H, Peng J. Numerical investigation on temporal evolution behavior for triad resonant interaction induced by steady free-surface flow over rippled bottoms[J]. Journal of Marine Science and Engineering. 2022, 10: 1372.

致　谢

本书的研究成果是基于作者博士研究生期间在导师郑金海教授、陶爱峰教授与刘玉明教授的悉心指导下完成的。

首先感谢我的恩师郑金海教授，是您悉心的指导和鼓励让我在科研的道路上得以顺利前行，您勤奋严谨的治学风格，认真细致的治学态度，始终是我求学与研究之路上的导引和追求。无论是讨论实验研究结果时的细致入微，还是在研究汇报指导时的严苛要求，您对待每一件事执着认真与雷厉风行的态度，一直深深地感染和激励着我。学生不才，读博期间诸多的事务让您费心操劳，但您始终耐心地鼓励并支持我。师恩难忘，在此谨向恩师表示深深的谢意。

感谢陶爱峰教授在我读博以及博士后期间对我的耐心指导和帮助，是您在我当初迷惘于研究课题时，引领我进入水波动力学研究的大门，并从最初的波浪布拉格共振与临界流速的水槽实验复演开始，一步步指导我进行更加深入和细致的研究，您对我的指导、关心、包容与支持让我不胜感激。

感谢美国麻省理工学院的刘玉明教授，正是由于您的支持与帮助，使得我能够在 MIT 展开将近两年的留学生涯，在查尔斯河畔的科研生活是我心中最为珍贵和美好的回忆之一。作为我在海外联合培养期间的外方导师，您对科学研究的细致、严谨与耐心深深地影响了我，让我明白面对学术研究的执着和认真是何等的珍贵和重要。

感谢在水槽实验阶段协助我开展实验工作的师弟们，没有你们在实验期间的帮助，系列水槽实验无法完成。虽然航道实验室的条件相对艰苦，诸多率定过程十分枯燥，但在风浪流水槽的实验时光是我博士阶段十分难忘的经历之一。感谢师弟高鹏和李硕在第一阶段实验时的协助，当年的酷暑与第一次开展水槽实验的茫然仍记忆犹新，然而也正是这次实验中偶然发现的逆流行进波使得研究的关注点聚焦于这个特别的水波共振现象；感谢师弟王懿和余豪丰在第二阶段水槽实验时的帮助，通过半年多的实验时间测量到大量的波要素与水流动力特征，也对这个特殊共振波成分的特性有了更深刻的认识；感谢师弟曹运修在第三阶段实验时认真细致的帮助，此阶段部分组次的实验结果也成了主要研究结论的关键数据支撑。

感谢课题组的各位老师以及各位同门的支持和帮助。

感谢我的家人一直以来的支持。感谢父母对我的养育之恩,你们辛苦了大半辈子,始终无私地支持并鼓励我。感谢岳父岳母对我的照顾、理解与支持。感谢大姨大姨父对我的支持和帮助。我会继续努力,怀揣持之以恒的初心面对今后的生活。

感谢妻子杨健对我的理解、关心、支持和陪伴,遇见你并与你一起相伴一生,是我这辈子最大的幸福。

祝愿女儿范泽杨健康、平安、快乐成长,感谢你带给我们的欢乐与幸福。

范骏
2022 年 8 月